Duden

100 *sportliche* Text-aufgaben

2.–4. Klasse

Üben mit Fußball, Formel 1 & Co

Dudenverlag
Berlin • Mannheim • Zürich

Bibliografische Information der Deutschen Nationalbibliothek
Die Deutsche Nationalbibliothek verzeichnet diese Publikation in der Deutschen Nationalbibliografie; detaillierte bibliografische Daten sind im Internet über http://dnb.d-nb.de abrufbar.

Bibliographisches Institut GmbH
Mecklenburgische Straße 53, 14197 Berlin

Redaktionelle Leitung: Anika Donner, Grischa Zimmermann
Redaktion: Barbara Holzwarth
Autorinnen: Ute Müller-Wolfangel und Beate Schreiber
Illustrationen: Judith Arndt
Herstellung: Ursula Fürst, Petra Bachmann
Layout: Horst Bachmann, Weinheim
Umschlaggestaltung: Sven Rauska, Nieder-Olm
Satz: Katrin Kleinschrot, Stuttgart
Druck und Bindung: Heenemann GmbH & Co. KG
Bessemerstraße 83–91, 12103 Berlin
Printed in Germany

ISBN 978-3-411-71816-0

Liebe Schülerin, lieber Schüler!

In diesem Buch findest du **Textaufgaben** für die 2., 3. und 4. Klasse. In allen Aufgaben geht es um Sport. Sicher wird es dir Spaß machen, nicht nur zu rechnen, sondern auch viel Spannendes über Sportarten zu erfahren.

Rechne die Aufgaben in einem Rechenheft oder auf einem Block. Bearbeite nicht zu viele Aufgaben auf einmal und nimm dir genug Zeit, zuerst einmal die Sachsituation im Aufgabentext zu verstehen. Danach überlege dir einen Lösungsweg und rechne erst anschließend die Aufgabe aus. Dabei helfen dir die **zehn Lösungsschritte** auf Seite 15. In den **Merkkästen** findest du Regeln und Beispielrechnungen. Außerdem gibt es noch **Achtungskästen** mit wichtigen Hinweisen. Wenn du eine Aufgabe gerechnet und deine **Lösung** mit derjenigen im Buch (ab Seite 115) verglichen hast, darfst du dieses Zeichen im **Inhaltsverzeichnis** ausmalen: ☺. So behältst du den Überblick, welche Aufgaben du schon bearbeitet hast.

Zwischen den Aufgaben findest du häufig **Sachinformationen** zu Sportarten. Außerdem gibt es **Kapitänsaufgaben**. Hier musst du wie ein Detektiv überlegen, welche Angabe zum Lösen der Aufgabe fehlt. Du kannst sie dir im Lexikon oder im Internet besorgen und damit rechnen.

Viel Erfolg beim Üben!

Inhaltsverzeichnis

	Liebe Schülerin, lieber Schüler!		3
	Liebe Eltern!		10
	Zehn Lösungsschritte zum Bearbeiten von Textaufgaben		15

1 Textaufgaben ohne Größen

1.1 Anzahlen bestimmen

2. KLASSE ☺	Addieren	Ü1: Umkleidekabinen	16
2. KLASSE ☺		Ü2: Fußballtraining	16
2. KLASSE ☺		Ü3: Fingerboarding	17
	Info	Fingerboards	17
2. KLASSE ☺	Subtrahieren	Ü4: Ganz schön mühsam	18
2. KLASSE ☺		Ü5: Training	18
3. KLASSE ☺	Schriftlich addieren	Ü6: Urkunden	19
3. KLASSE ☺		Ü7: Landessportfest	20
3. KLASSE ☺		Ü8: Bowling	20
4. KLASSE ☺		Ü9: French Open	21
	Info	Tennis	21
3. KLASSE ☺	Schriftlich subtrahieren	Ü10: Fußballturnier	22
3. KLASSE ☺		Ü11: Vierkampf	22
4. KLASSE ☺		Ü12: Fußballstadien	23
	Info	Fußballnationalmannschaft	23
4. KLASSE ☺		Ü13: Eishockeyspiel	24
	Info	Eishockey	24
2. KLASSE ☺	Multiplizieren	Ü14: Schwimmstaffel	25
2. KLASSE ☺		Ü15: Fußballkleinfeld	25
2. KLASSE ☺	Dividieren	Ü16: Ruderregatta	26
2. KLASSE ☺		Ü17: Zirkeltraining	26
2. KLASSE ☺		Ü18: Schülersponsorenlauf	27
	Info	Sponsorenlauf	27
3. KLASSE ☺	Halbschriftlich multiplizieren	Ü19: Beachvolleyball	28
3. KLASSE ☺		Ü20: Handball	28

Klasse	Thema	Übung	Seite
3. KLASSE	Halbschriftlich dividieren	Ü21: Inlinerlauf	29
4. KLASSE	Schriftlich multiplizieren	Ü22: Schulmeisterschaft	30
4. KLASSE		Ü23: Schacholympiade	31
4. KLASSE		Ü24: Drachenbootrennen	31
	Info	Drachenboot	31
4. KLASSE	Schriftlich dividieren	Ü25: Basketball	32
4. KLASSE		Ü26: Football	33
	Info	American Football	33
2. KLASSE	Mit Anzahlen rechnen	Ü27: Verschwunden	34
3. KLASSE		Ü28: Belohnung	35
3. KLASSE		Ü29: Stadtmeisterschaft	35
3. KLASSE	Kapitänsaufgabe	Lieblingssportart	36
4. KLASSE		Ü30: Nürburgring	37
4. KLASSE		Ü31: Hockeyturnier	38
	Info	Feldhockey	38
4. KLASSE	Kapitänsaufgabe	Eishockeyarena	39

2 Textaufgaben mit Größen

2.1 Textaufgaben mit Geldbeträgen

Klasse	Thema	Übung	Seite
2. KLASSE	Geldbeträge addieren und subtrahieren	Ü1: Fußballschuhe	40
2. KLASSE		Ü2: Tennisoutfit	41
3. KLASSE	Geldbeträge schriftlich addieren und subtrahieren	Ü3: Fußballferiencamp	42
4. KLASSE		Ü4: Skifreizeit	43
4. KLASSE		Ü5: Spendenaufruf	43
2. KLASSE	Geldbeträge multiplizieren und dividieren	Ü6: Tennisbälle im Angebot	44
2. KLASSE		Ü7: Turnverein	44
3. KLASSE	Geldbeträge halbschriftlich multiplizieren	Ü8: Hip-Hop-Training	45
	Info	Hip-Hop	45
3. KLASSE	Geldbeträge halbschriftlich dividieren	Ü9: Tischtennisturnier	46
	Info	Tischtennis	46
4. KLASSE	Geldbeträge schriftlich multiplizieren	Ü10: Sportfest	47
4. KLASSE	Geldbeträge schriftlich dividieren	Ü11: Tennishallenmiete	48

2. KLASSE	☺	Mit Geldbeträgen rechnen	Ü12: Bundesjugendspiele	49
2. KLASSE	☺	Kapitänsaufgabe	Schwimm dich fit!	50
3. KLASSE	☺		Ü13: Teures Vergnügen	51
3. KLASSE	☺		Ü14: Benefizspiel	51
3. KLASSE	☺		Ü15: Snowboardkurs	52
		Info	Snowboarden	52
3. KLASSE	☺	Kapitänsaufgabe	Reiterferien	53
4. KLASSE	☺		Ü16: Minigolftag	54
		Info	Minigolf	54
4. KLASSE	☺		Ü17: Eishockeyfans	55
4. KLASSE	☺		Ü18: Raftingkurs	56
		Info	Rafting	56
4. KLASSE	☺	Kapitänsaufgabe	Bowling	57

2.2 Textaufgaben mit Längenangaben

2. KLASSE	☺	Längenangaben addieren und subtrahieren	Ü1: Schlagball	58
3. KLASSE	☺	Längenangaben schriftlich addieren und subtrahieren	Ü2: Skispringer	60
4. KLASSE	☺		Ü3: Inlinerlauf	61
4. KLASSE	☺		Ü4: Radtour	62
2. KLASSE	☺	Längenangaben multiplizieren und dividieren	Ü5: Lauftraining	63
		Info	Halbmarathon	63
3. KLASSE	☺	Längenangaben halbschriftlich multiplizieren	Ü6: Fußballtore	64
3. KLASSE	☺		Ü7: Schließfächer	65
3. KLASSE	☺	Längenangaben halbschriftlich dividieren	Ü8: Vor der Sportstunde	66
4. KLASSE	☺	Längenangaben schriftlich multiplizieren	Ü9: Formel 1	67
4. KLASSE	☺	Längenangaben schriftlich dividieren	Ü10: Jakobsweg	68
4. KLASSE	☺		Ü11: Großer Preis	69
		Info	Motorsport	69
4. KLASSE	☺	Bruchteile von Längenangaben	Ü12: Radtour	70
		Kapitänsaufgabe	In der Loipe	71

2. KLASSE	☺	Mit Längenangaben rechnen	Ü13: Langlauf	72
2. KLASSE		Kapitänsaufgabe	Gültiger Versuch	73
3. KLASSE	☺		Ü14: Hochsprung	74
		Info	Leichtathletik	74
3. KLASSE	☺	Kapitänsaufgabe	Neue Sportgeräteschränke	75
4. KLASSE	☺		Ü15: Strafrunden	76
		Info	Biathlon	76
4. KLASSE	☺		Ü16: Pistenkilometer	77
		Info	Skipisten	77
4. KLASSE	☺	Kapitänsaufgabe	Golfsport	78

2.3 Textaufgaben mit Gewichten

3. KLASSE	☺	Gewichtsangaben addieren und subtrahieren	Ü1: Hammerwerfen	79
3. KLASSE	☺		Ü2: Rennradgewicht	80
3. KLASSE	☺		Ü3: Ballträger	80
4. KLASSE	☺		Ü4: Wettkampfvorbereitung	81
		Info	Gewichtheben	81
3. KLASSE	☺	Gewichtsangaben halbschriftlich multiplizieren und dividieren	Ü5: Matten abladen	82
3. KLASSE	☺		Ü6: Anstrengend	82
4. KLASSE	☺	Gewichtsangaben schriftlich multiplizieren	Ü7: Roter Sand	83
4. KLASSE	☺		Ü8: Neue Anzüge	84
		Info	Taekwondo	84
4. KLASSE	☺	Gewichtsangaben schriftlich dividieren	Ü9: Marathonläufer	85
4. KLASSE	☺		Ü10: Sportplatzerneuerung	86
4. KLASSE	☺		Ü11: Pastaparty	86
4. KLASSE	☺	Bruchteile von Gewichten	Ü12: Anglerkönig	87
4. KLASSE	☺		Ü13: Fliegengewicht	88
4. KLASSE	☺		Ü14: Kletterseile	88
		Info	Klettern	88
3. KLASSE	☺	Mit Gewichtsangaben rechnen	Ü15: Bootsrennen	89
3. KLASSE	☺	Kapitänsaufgabe	Hartes Training	90
4. KLASSE	☺		Ü16: Golfbälle	91

4. KLASSE	☺		Ü17: Kräftige Spieler	91
4. KLASSE	☺	Kapitänsaufgabe	Gewichtheber	92

2.4 Textaufgaben mit Rauminhalten

4. KLASSE	☺	Bruchteile von Rauminhalten	Ü1: Durstig	93
4. KLASSE	☺		Ü2: Wasserhaushalt	94
4. KLASSE	☺	Kapitänsaufgabe	Wasservorrat	95
4. KLASSE	☺	Mit Rauminhalten rechnen	Ü3: Wasserverbrauch	96
4. KLASSE	☺		Ü4: Wasserverlust	97
		Info	Marathon	97
4. KLASSE	☺	Kapitänsaufgabe	Siegesfeier	98

2.5 Textaufgaben mit Zeitangaben

2. KLASSE	☺	Zeitpunkte und Zeitspannen bestimmen	Ü1: Longieren	99
2. KLASSE	☺		Ü2: Schwimmabzeichen	100
2. KLASSE	☺		Ü3: Volleyballtraining	101
		Info	Volleyball	101
2. KLASSE	☺	Kapitänsaufgabe	Schwimmabzeichen Gold	102
3. KLASSE	☺	Zeitpunkte und Zeitspannen berechnen	Ü4: Kletterkurs	104
3. KLASSE	☺		Ü5: Tischtennis	104
3. KLASSE	☺		Ü6: Schnupperkurs	104
3. KLASSE	☺	Kapitänsaufgabe	Schulmeisterschaft	105
4. KLASSE	☺		Ü7: Radrennen	106
		Info	Tour de France	106
4. KLASSE	☺		Ü8: Sommerkurs	107
4. KLASSE	☺		Ü9: Sommerspiele	107
4. KLASSE	☺	Kapitänsaufgabe	Ruhetage	108

3 Textaufgaben mit und ohne Größen

3.1 Vermischte Textaufgaben

2. KLASSE	☺	Mit verschiedenen Maßeinheiten rechnen	Ü1: Schwimmtraining	109
2. KLASSE	☺		Ü2: Knallrote Fußballschuhe	110
2. KLASSE	☺		Ü3: Seilspringen	110
3. KLASSE	☺	Verschiedene Maßeinheiten anwenden	Ü4: Radtraining	111
3. KLASSE	☺		Ü5: Tennislinien	112
3. KLASSE	☺		Ü6: Sprunggrube	112
4. KLASSE	☺		Ü7: Formel-1-Rennen	113
4. KLASSE	☺		Ü8: Beregnungsanlage	113
4. KLASSE	☺		Ü9: Mountainbiking	114
		Info	Radrennsport	114

Lösungen 115

Liebe Eltern!

Nach wie vor gehört der Umgang mit Textaufgaben für viele Kinder zu einem der schwierigeren Bereiche der Mathematik. Dieses Buch enthält textbasierte Aufgaben, an denen Ihr Kind das Sachrechnen, das Lösen eines Problems, üben kann. Das erfolgreiche Bearbeiten dieser Aufgaben erfordert vielfältige Kompetenzen wie das Lesen und Verstehen des Textes, das Übersetzen des Gelesenen in die Sprache der Mathematik, das Rechnen und das Überprüfen. Zuerst muss Ihr Kind den Text genau lesen, diesen verstehen und einen dazu passenden Lösungsweg finden. Erst dann kann es anfangen zu rechnen.

So wie die Anwendung der Grundrechenarten kann auch das Lösen von Textaufgaben geübt werden. Dieses Buch enthält solche zum Thema Sport für die 2., 3. und 4. Klasse. Es möchte den Lernprozess Ihres Kindes unterstützen. Die Textaufgaben greifen Interessantes und Wissenswertes aus der Welt des Sports auf und laden damit zum motivierten Üben ein. Ihrem Kind wird anhand der Aufgaben zudem vermittelt, dass Sachsituationen im Alltag mithilfe der Mathematik geklärt werden können. In diesem Buch steht somit nicht das Rechnen im Vordergrund, sondern das Anwenden der Rechenverfahren zur Klärung von Sachsituationen.

Ihr Kind kann einen Lernstoff umso leichter und besser behalten, wenn dieser gegliedert und strukturiert angeboten wird. Deshalb sind in diesem Buch die für die Grundschule relevanten Gebiete der Mathematik gegliedert in Textaufgaben ohne und mit Größen. Die einzelnen Maßeinheiten (Geld, Längen, Gewichte, Rauminhalte und Zeit) werden zunächst kapitelweise isoliert geübt. Im letzten Kapitel werden die Maßeinheiten miteinander verknüpft, sodass Ihr Kind das isoliert gelernte Wissen auf komplexere Aufgabenstellungen anwenden muss.

In den **Merkkästen**, die den Textaufgaben vorangestellt sind, stehen kurze Regeln zu den jeweiligen Grundrechenarten mit Beispielrechnungen, die in den nachfolgenden Textaufgaben angewendet werden. Deshalb weiß Ihr Kind, welche Grundrechenart bei der einzelnen Aufgabe zum Tragen kommt, und kann sich ganz auf die Informationsentnahme konzentrieren. Bei fehlenden Grundlagen ab Klasse 3 hilft es, sich auch den Merkkasten der vorherigen Klassenstufe anzuschauen, um bereits Gelerntes aufzufrischen. Erst am Ende eines jeden Kapitels muss Ihr Kind auch entscheiden, welche Grundrechenart es zur Lösung braucht.

Immer wieder sind zwischen die Aufgaben kurze **Informationstexte** über bestimmte Sportarten eingestreut. Dadurch wird dem Kind der Bezug von Textaufgaben zur Lebenswirklichkeit deutlich. Auf einigen Seiten befinden sich außerdem **Achtungskästen**, die die Umrechnungszahlen bei den einzelnen Maßeinheiten aufzeigen.

Textaufgaben, die Ihnen möglicherweise einfach erscheinen, können von Kindern nicht immer gleich mit einer Rechenoperation verknüpft werden. Umgekehrt berechnen Kinder auch bei eigentlich unlösbaren Aufgaben ein Ergebnis, obwohl Angaben fehlen. Diese Aufgaben heißen **Kapitänsaufgaben**. Auch dieser Aufgabentyp kommt im Buch vor. Das Kind muss hier herausfinden, welche Angabe zum Lösen fehlt. Kann es die Angabe besorgen und ergänzen, können auch diese Aufgaben bearbeitet werden.

Ab Seite 115 werden für alle Aufgaben **Lösungen** zum Überprüfen angeboten. Im **Inhaltsverzeichnis** haben Sie die Möglichkeit, sich an den Klassenstufen zu orientieren und entsprechende Textaufgaben für Ihr Kind auszuwählen. Nach der Bearbeitung einer Aufgabe kann Ihr Kind dort das entsprechende Smiley ausmalen. Dadurch behält es den Überblick über bereits gelöste und noch zu lösende Aufgaben und der Arbeitsfortschritt wird dokumentiert.

Wie bereits erwähnt, ist bei der Bearbeitung von Textaufgaben das Textverständnis der erste wichtige Schritt, denn wer die Sache nicht versteht, kann auch keinen Lösungsweg finden. Sollte Ihr Kind Probleme bei der Texterschließung haben, können Sie es bei diesem Prozess unterstützen, in dem Sie Folgendes anregen:

- Unverstandenes mithilfe von Wörterbüchern, Lexika oder Internetrecherche klären,
- Wichtiges im Text markieren,
- den Text mit Ihnen gemeinsam umformulieren oder vereinfachen,
- Fragen, die Sie dem Kind zum Text stellen, beantworten,
- Ihnen den Text noch einmal erzählen.

Sie erleichtern außerdem Ihrem Kind den Umgang mit Textaufgaben, wenn Sie es dafür sensibilisieren, dass diese etwas mit dem eigenen Alltag zu tun haben. Ihr Kind begegnet täglich unbewusst Sachsituationen: auf dem Sportplatz, im Schwimmbad, im Zoo, beim Einkaufen, in den Ferien usw. Nutzen Sie diese Situationen, denn sie sind wichtig zum Aufbau von Größenvorstellungen. Ein Kind, das noch nie darauf geachtet hat, wie lang, wie schwer, wie teuer etwas ist oder wie lange etwas dauert, rechnet nur mechanisch ohne realistische Vorstellung. Ohne Größenvorstellung fällt es Ihrem Kind jedoch schwer, Ergebnisse zu überprüfen und im Vorfeld zu überschlagen sowie zu schätzen. Sammeln Sie daher mit ihm zusammen zu jeder Größe Orientierungshilfen aus dem Alltag für die Größenvorstellung. Wichtig ist, dass Ihr Kind nicht nur Repräsentanten kennt, die ihm helfen, sich im jeweiligen Größenbereich zu orientieren, sondern dass es diese auch handelnd ausprobiert und so eigene Größenvorstellungen entwickeln kann. Gängige Größenvorstellungen im Bereich von Längen sind beispielsweise: eine Schrittlänge entspricht etwa einem Meter, eine Fingerbreite etwa einem Zentimeter, 400 m entsprechen einer Runde auf dem Sportplatz usw. Besonders einprägsam sind die Orientierungshilfen, die Sie mit Ihrem Kind gemeinsam im Alltag entdeckt haben.

Zusammengefasst bedeutet das, dass das Lösen von Textaufgaben eine hohe Denkleistung von Ihrem Kind fordert. Es muss durch selbstständiges Denken in Sprache verpackte Informationen verstehen und verarbeiten, die passenden Rechenschritte finden und diese aufschreiben. Zudem braucht Ihr Kind zum richtigen Lösen eine hohe Sicherheit beim Anwenden der Grundrechenarten.

Und noch eine Anmerkung: Jedes Kind hat einen eigenen Zugang zu Textaufgaben. Dieser hängt von seinen jeweiligen Vorerfahrungen ab, von seiner Motivation, Frustrationstoleranz, Anstrengungsbereitschaft und zu guter Letzt auch von seiner Ausdauer. Zur Unterstützung findet Ihr Kind in diesem Buch eine **Bearbeitungshilfe** für Textaufgaben in Form von zehn möglichen Lösungsschritten (Seite 15). Manche Kinder nähern sich Textaufgaben zunächst jedoch eher spielerisch, ungeplant und probierend. Andere gehen systematischer vor und erfassen mathematische Strukturen schneller. Wichtig ist, dass Ihr Kind sich an die Aufgaben herantraut und zunächst seinen eigenen Weg geht. Achten Sie auch darauf, dass es nicht zu viele Aufgaben auf einmal bearbeitet und sich Zeit für die einzelne Aufgabe nimmt. So kann Ihr Kind lernen, sich ausdauernd und konzentriert auf ein Problem einzulassen.

Viel Freude beim Üben!

Zehn Lösungsschritte zum Bearbeiten von Textaufgaben

Die folgenden zehn Schritte können dir helfen, aus Textaufgaben die richtigen Daten herauszulesen und dann die passenden Rechenschritte dazu zu finden. Bei Textaufgaben, bei denen es um Sachtexte geht, wie in diesem Buch um Sportarten, ist es wichtig, dass du die „Sache" verstehst.

1. Lies den Aufgabentext ganz genau. Schlage alle unbekannten Wörter nach. Lies dann den Text noch einmal und erzähle den Inhalt dir selbst oder jemand anderem. Dann weißt du, ob du ihn verstanden hast.
2. Unterstreiche alle wichtigen Angaben im Text.
3. Denke noch einmal genau über die Frage nach oder überlege dir, welche Frage zu der Aufgabe passt, falls keine Frage im Text steht.
4. Fertige eine Skizze oder Zeichnung an, falls dir das hilft, die Aufgabe besser zu verstehen.
5. Schreibe die einzelnen Rechenschritte auf.
6. Überlege, wenn möglich, eine Überschlagsrechnung.
7. Rechne die einzelnen Rechenschritte genau aus.
8. Vergleiche dein Ergebnis mit der Überschlagsrechnung.
9. Kontrolliere dein Ergebnis noch einmal genau mithilfe der Probeaufgabe.
10. Lies die Frage noch einmal genau und schreibe eine passende Antwort auf.

1.1 Anzahlen bestimmen

Addieren

Plusaufgaben mit zweistelligen Zahlen kann man schrittweise mit verschiedenen Rechenwegen lösen.

Rechenweg 1:	Rechenweg 2:
36 + 23 = **59**	36 + 23 = **59**
36 + 20 = 56	36 + 3 = 39
56 + 3 = 59	39 + 20 = 59

Übung 1 – Umkleidekabinen

Die Klasse 2a zieht sich für den Sportunterricht um. In der Umkleidekabine der Jungen sind es 13 und in der der Mädchen 15 Kinder. Wie viele Kinder sind das insgesamt?

Übung 2 – Fußballtraining

In einem Fußballverein wird fünfmal in der Woche trainiert. Montags trainieren 16, dienstags 17, mittwochs 23, donnerstags 14 und freitags 19 Kinder. Wie viele Kinder nehmen in einer Woche am Fußballtraining teil?

Achtung!

Auf Seite 15 findest du zehn Lösungsschritte, die dir beim Bearbeiten und Lösen von Textaufgaben helfen.

Übung 3 – Fingerboarding

In einem Sportgeschäft gibt es einen großen Tisch mit Miniaturrampen zum freien Spielen mit Fingerboards.
An einem Samstag schreibt ein Mitarbeiter auf, wie viele Jungen und Mädchen mit ihren Fingerboards an diesen Rampen spielen:
vormittags (10–12 Uhr): 17 Jungen und 4 Mädchen,
mittags (12–14 Uhr): 11 Jungen und 7 Mädchen,
nachmittags (14–17 Uhr): 23 Jungen und 9 Mädchen,
abends (17–20 Uhr): 12 Jungen und 5 Mädchen.
Wie viele Kinder sind das insgesamt?

Fingerboards

Ein Fingerboard ist ein kleines Skateboard, das mit dem Zeigefinger und Mittelfinger gefahren wird. Fingerboarding ist eine Funsportart, bei der es darum geht, bestimmte Tricks vorzuführen. Das ist ähnlich wie beim Skateboarding, nur eben mit den Fingern. Die Tricks heißen genauso wie beim Skateboarding.
Für die Fingerboards gibt es verschiedene Miniaturrampen, die genauso aussehen wie echte Skateboard-Hindernisse (Obstacles), nur sind sie viel, viel kleiner.

Subtrahieren

Minusaufgaben mit zweistelligen Zahlen kann man schrittweise mit verschiedenen Rechenwegen lösen.

Rechenweg 1:	Rechenweg 2:
72 – 25 = **47**	72 – 25 = **47**
72 – 20 = 52	72 – 5 = 67
52 – 5 = 47	67 – 20 = 47

Übung 4 – Ganz schön mühsam

Beim Tennistraining sind in einem Eimer 85 Tennisbälle. Der Trainer spielt Kirsten alle Bälle zu. Kirsten muss sie danach wieder einsammeln und in den Eimer werfen. Am Netz sammelt sie 27 Bälle ein. Die übrigen Bälle liegen verstreut auf dem Platz. Wie viele Bälle muss Kirsten noch einsammeln?

Übung 5 – Training

In einem Sportverein trainieren insgesamt 83 Kinder unter zehn Jahren Leichtathletik. 37 Kinder trainieren montags und donnerstags. Die anderen Kinder trainieren dienstags und freitags. Wie viele Kinder sind das?

Schriftlich addieren

Beim **schriftlichen Addieren** ist es wichtig, die Zahlen stellengerecht untereinanderzuschreiben.

Wenn das Ergebnis eines Stellenwertes gleich oder größer als 10 ist, entsteht ein **Übertrag**. Den muss man dann an die nächsthöhere Stelle schreiben.

	H	Z	E
	3	2	7
+	2	5	6
		1	
	5	8	3

Übung 6 – Urkunden

Bei einem Laufwettbewerb gab es unterschiedlich lange Laufstrecken. Angemeldet wurden 67 Kinder unter fünf Jahren, die 200 m liefen. Schüler von sechs bis 14 Jahren mussten 2,5 km laufen. Dafür meldeten sich 125 an. Jugendliche von 14 bis 18 Jahren mussten 4 km laufen. Dafür meldeten sich sogar 158 an. Jeder Teilnehmer bekam eine Urkunde. Wie viele Urkunden mussten ausgestellt werden?

Übung 7 – Landessportfest

Eine Grundschule fährt mit fünf Bussen zu einem Landessportfest. Alle Busse sind voll besetzt. Bus 1 hat 98, Bus 2 hat 66, Bus 3 hat 54, Bus 4 hat 46 und Bus 5 hat 28 Sitzplätze. Wie viele Personen sind mitgefahren?

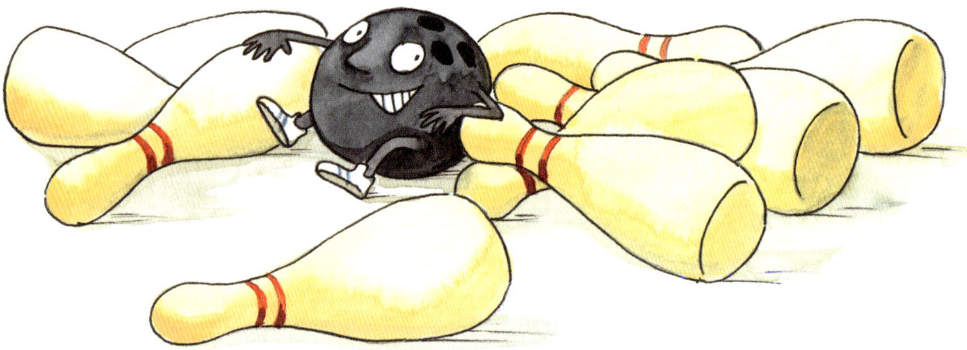

Übung 8 – Bowling

Bei einem Bowlingwettbewerb für Kinder konnte man sich als Mannschaft anmelden. Die Freunde Denis, Claudia, Silke, Michael, Verena, Andreas und Katrin bildeten eine Mannschaft. Sie haben den Wettbewerb gewonnen. Wie viele Punkte haben sie zusammen erreicht?

Denis	123 Punkte	**Verena**	94 Punkte
Claudia	107 Punkte	**Andreas**	78 Punkte
Silke/Michael	je 101 Punkte	**Katrin**	67 Punkte

Übung 9 – French Open

Das Stadion „Roland Garros“ in Paris hat drei Haupttennisplätze. Auf dem größten Platz gibt es 14 911 Sitzplätze, auf dem zweitgrößten 10 056 und auf dem drittgrößten nur 3 802. Wie viele Sitzplätze sind das insgesamt?

Tennis

Beim Tennis stehen sich ein oder zwei Spieler auf beiden Seiten des Netzes gegenüber. In eingezeichneten Feldern müssen die Spieler mit ihrem Schläger einen Tennisball über das in der Mitte des Platzes gespannte Netz spielen. Der Gegner muss den Ball zurückspielen, ohne dass dieser im Netz oder außerhalb des Spielfeldes landet. Schafft er das nicht, so bekommt der andere Spieler einen Punkt. Es gibt Sand-, Hart- und Rasentennisplätze.
Steffi Graf und Boris Becker waren in den 80er- und 90er-Jahren beliebte deutsche Tennisstars. Beide haben schon mit drei Jahren angefangen, Tennis zu spielen.

Schriftlich subtrahieren

Beim **schriftlichen Subtrahieren** ist es wichtig, dass man die Zahlen stellengerecht untereinanderschreibt.

Wenn ein Stellenwert der Zahl, die man subtrahiert, größer ist als der gleiche Stellenwert der Zahl, von der man subtrahiert, dann entsteht ein **Übertrag**. Den muss man an die nächsthöhere Stelle schreiben.

	H	Z	E
	8	2	7
−	3	7	4
	1		
	4	5	3

	H	Z	E
	7	12	
	~~8~~	~~2~~	7
−	3	7	4
	4	5	3

Übung 10 – Fußballturnier

Die Astrid-Lindgren-Grundschule und die Maria-Montessori-Grundschule veranstalten ein gemeinsames Fußballturnier. Von den insgesamt 731 Kindern sind 539 nur Zuschauer. Wie viele Kinder spielen in Mannschaften?

Übung 11 – Vierkampf

Gunnar hat bei einem Leichtathletiksportfest im Vierkampf diese Punkte erreicht: 50-m-Lauf – 261 Punkte, Weitsprung – 286 Punkte, Ballwurf – 176 Punkte und Hochsprung – 134 Punkte. Für eine Siegerurkunde hätte Gunnar 950 Punkte gebraucht. Um wie viele Punkte hat er diese verpasst?

4. KLASSE

Übung 12 – Fußballstadien

Das Fußballstadion von Borussia Dortmund hat ein Fassungsvermögen von 80 270 Zuschauern. Im Vergleich dazu fasst das Stadion von Bayern München nur 69 901 Zuschauer. Berechne den Unterschied.

Fußballnationalmannschaft

Die Fußballmannschaft, die die meisten Fans in Deutschland hat, ist mit Abstand die deutsche Nationalmannschaft. Mehr als 40 Millionen Deutsche feiern mit ihr die Siege und leiden mit ihr bei Niederlagen – auch wenn die meisten Fans die Spiele nur am Fernseher oder vor Leinwänden miterleben. Begonnen hat die Geschichte der deutschen Nationalmannschaft am 5. April 1908 mit einem Spiel in Basel gegen die Schweiz, das Deutschland verloren hat. Bereits 1863 wurde die englische Nationalmannschaft gegründet. Die Fußballteams von der britischen Insel waren auch die Pioniere im Fußballsport.

4. KLASSE

Übung 13 – Eishockeyspiel

In der SAP-Arena in Mannheim können für ein Eishockeyspiel insgesamt 9 934 Karten für Sitzplätze verkauft werden. Wie viele Karten für Stehplätze gibt es, wenn für die Arena vor Eishockeyspielen maximal 13 600 Karten verkauft werden können?

Eishockey

Eishockey ist eine Sportart, die den ganzen Körper beansprucht. Die Spieler müssen sicher auf Schlittschuhen stehen, mit einem Schläger umgehen können und Teamgeist haben. Alle Spieler tragen eine Schutzausrüstung aus Helm und Schonern, weil mit viel Körpereinsatz gespielt wird. Ein Eishockeyspiel dauert 60 Minuten und ist in drei Drittel zu je 20 Minuten aufgeteilt. Jede Mannschaft versucht, den Puck, eine schwarze Hartgummischeibe, in das gegnerische Tor zu schießen. Ein Spieler, der ein Foul begangen hat, muss auf die Strafbank. Seine Mannschaft spielt dann in Unterzahl.

Multiplizieren

Malaufgaben aus der Einmaleinsreihe kann man aus den **Kernaufgaben** ableiten. Manchmal rechnet man schneller mit der **Tauschaufgabe**.

Kernaufgaben:
1 · 6 = 6 **2** · 6 = 12 **5** · 6 = 30 **10** · 6 = 60

Tauschaufgabe:
6 · 2 = **2 · 6** = 12

Übung 14 – Schwimmstaffel

Bei einem Schwimmwettbewerb starten sechs Staffeln. In jeder Staffel schwimmen vier Kinder. Wie viele Kinder nehmen an dem Schwimmwettbewerb teil?

Übung 15 – Fußballkleinfeld

Bei einem Turnier im Fußballkleinfeld spielen acht Mädchenmannschaften mit je fünf Spielerinnen und einer Torhüterin gegeneinander.
Wie viele Spielerinnen sind das?

Dividieren

Beim **Dividieren** wird eine Menge aufgeteilt oder verteilt. Manchmal bleibt dabei auch ein **Rest** übrig.

Zu jeder Divisionsaufgabe gehört eine Malaufgabe, die **Umkehr-** oder **Probeaufgabe**.

19 : 5 = **3 Rest 4**, denn 3 · 5 + 4 = 19

Übung 16 – Ruderregatta

Bei einer Ruderregatta fahren verschiedene Boote gegeneinander. Insgesamt sind 36 Kinder für neun Boote gemeldet. Wie viele Kinder sitzen in einem Boot, wenn in jedem Boot gleich viele sind?

Übung 17 – Zirkeltraining

Für den Sportunterricht ist ein Zirkeltraining mit sieben Stationen aufgebaut. In der Lerngruppe „Lions" sind 28 Schüler. Zu Beginn der Stunde fordert die Sportlehrerin die Gruppe auf, sich gleichmäßig auf die Stationen zu verteilen. Wie viele Kinder stehen an jeder Station?

Übung 18 – Schülersponsorenlauf

Bei der Aktion „Kinder laufen für Kinder“ legen neun Zweitklässler der Wilhelm-Busch-Grundschule insgesamt 63 Runden zurück. Wie viele Runden muss jeder von ihnen schaffen, wenn alle genau gleich viele laufen?

Sponsorenlauf

Bei einem Sponsorenlauf sammeln Kinder und/ oder Erwachsene mit den Strecken, die sie laufen, Spendengelder für einen guten Zweck. Im Vorfeld wird festgelegt, wohin das Geld geht und wie viel Geld für einen gelaufenen Kilometer oder für eine Runde gespendet wird. Es gibt unterschiedliche Sponsorenläufe. Bei dem Sponsorenlauf „Kinder laufen für Kinder“ geht es nicht nur um die Spendengelder, sondern auch darum, dass Kinder Sport treiben, Spaß haben und dabei eine gute Sache unterstützen.

Halbschriftlich multiplizieren

Beim **halbschriftlichen Multiplizieren** rechnet man in mehreren Schritten. Es gibt verschiedene Lösungswege.

3 · 18 = **?**

Lösungsweg 1:

3 · 18 = **54**
3 · 10 = 30
3 · 8 = 24
30 + 24 = 54

Lösungsweg 2:

3 · 18 = **54**
3 · 8 = 24
3 · 10 = 30
24 + 30 = 54

Lösungsweg 3 (Malkreuz):

·	10	8	
3	30	24	
			54

Übung 19 – Beachvolleyball

Bei einem Beachvolleyballturnier sind vier Spielfelder im Sand markiert. In jedem Feld spielen in der ersten Runde des Turniers 18 Mannschaften gegeneinander. Wie viele Mannschaften nehmen am Turnier teil?

Übung 20 – Handball

Ein Handballverein bestellt sechs Netze mit Übungsbällen. In jedem Netz sind 27 Bälle. Wie viele Bälle sind das insgesamt?

Halbschriftlich dividieren

Beim **halbschriftlichen Dividieren** rechnet man in mehreren Schritten. Zuerst zerlegt man die Zahl, die geteilt werden soll. Die einzelnen Zahlen müssen durch den Teiler teilbar sein. Das Einmaleins hilft dabei. Manchmal bleibt bei der kleinsten Zahl ein **Rest**.

951 : 8 = **?**

951 = 800 + 80 + 71

Dann teilt man jede Zahl durch den Teiler.

951 : 8 = **118 Rest 7**
800 : 8 = 100
80 : 8 = 10
71 : 8 = 8 **Rest 7**
100 + 10 + 8 = **118**

Übung 21 – Inlinerlauf

An einem Inlinerlauf nehmen insgesamt 219 Personen teil. Immer acht Teilnehmer starten zur gleichen Zeit. Wie oft muss gestartet werden, bis alle Teilnehmer unterwegs sind?

Achtung!

Überprüfe dein Ergebnis mit der dazugehörigen **Malaufgabe**. Du kannst die Probe auch mit einem **Malkreuz** machen.

Schriftlich multiplizieren

Beim **schriftlichen Multiplizieren** rechnet man schrittweise. Man beginnt mit der höchsten Stelle des zweiten Faktors. Die Teilprodukte schreibt man stellengerecht untereinander und addiert sie dann schriftlich.

	6	5	3	·	4	2	
		2	6	1	2		hier steht 653 · 4
			1	3	0	6	hier steht 653 · 2
		2	**7**	**4**	**2**	**6**	

Übung 22 – Schulmeisterschaft

Zu einer Fußballschulmeisterschaft schickt jede Schule ein Team mit 13 Schülerinnen oder Schülern. An der viertägigen Meisterschaft nehmen 137 Schulen teil. Wie viele Schülerinnen und Schüler sind das insgesamt?

Achtung!

Es ist sinnvoll, vor dem genauen Ausrechnen eine **Überschlagsrechnung** zu machen, um daran später die Größe des Ergebnisses überprüfen zu können.

Übung 23 – Schacholympiade

Zur Schacholympiade 2012 in Istanbul wurden 166 Mannschaften eingeladen. Jedes der teilnehmenden Länder durfte fünf Spieler mitbringen. Wie viele Schachspieler waren das?

Übung 24 – Drachenbootrennen

An einem Drachenbootrennen nehmen 27 Boote teil.
In jedem Boot sitzen 16 Paddler, ein Steuermann und ein Trommler. Wie viele Personen sind das insgesamt?

Drachenboot

Drachenboote sind besonders lange, offene Paddelboote. Sie haben vorne einen geschnitzten, bemalten Drachenkopf und hinten einen passenden Drachenschwanz. Heute werden Drachenboote weltweit als Sportboote oder bei Veranstaltungen verwendet, viele von ihnen sind jedoch nicht besonders dekorativ. Das Drachenbootfahren beruht auf einer chinesischen Legende von vor 2 000 Jahren. Im Boot sitzt eine Mannschaft bestehend aus zehn bis 20 Paddlern, einem Steuermann, der sicherstellt, dass das Boot auf Kurs bleibt, und einem Trommler, der dafür sorgt, dass alle im gleichen Tempo ihr Paddel schlagen.

Schriftlich dividieren

Beim **schriftlichen Dividieren** rechnet man schrittweise. Man beginnt mit der höchsten Stelle der Zahl, die geteilt werden soll. Ist die höchste Stelle der zu dividierenden Zahl kleiner als der Teiler, beginnt man mit den beiden ersten Stellen. Manchmal bleibt beim Dividieren ein **Rest** übrig.

9	2	7	4	:	7	=	**1**	**3**	**2**	**4**	**Rest**		**6**
7													
2	2												
2	1												
	1	7											
	1	4											
		3	4										
		2	8										
			6										

Übung 25 – Basketball

Bei einem Basketballhallenturnier wurden genauso viele Karten für Sitz- wie für Stehplätze verkauft. Insgesamt wurden 7 368 Karten verkauft. Wie viele Sitzplatzkarten waren es?

Achtung!

Jede schriftliche Division sollte aus drei Teilschritten bestehen:

1. Überschlagsrechnung
2. Division
3. Probe

Übung 26 – Football

Das Beaver Stadium in den USA hat insgesamt 107 283 Sitzplätze. Obwohl die Amerikaner Football lieben, ist es bei einem weniger interessanten Spiel nur zu einem Drittel besetzt.
Wie viele Sitzplätze sind dann belegt?

American Football

American Football ist in den USA eine sehr populäre Sportart. Gespielt wird in der Regel mit elf Spielern und vielen Auswechselspielern auf einem Feld, das so groß ist wie ein Fußballfeld. Ein Spiel dauert viermal 15 Minuten. Es gewinnt die Mannschaft, die am Ende die meisten Punkte erzielt hat, d. h. die den ovalen Lederball am häufigsten in die Endzone des Gegners getragen oder geworfen hat. Alle Spieler müssen gut werfen und fangen können und sehr schnell sein. Sie tragen Helme mit einem Schutzgitter, Schulterpolster, Leistenschutz und Knieschoner, da sie mit viel Körpereinsatz spielen und oft aneinanderstoßen.

Mit Anzahlen rechnen

Bei Textaufgaben muss man genau überlegen, mit welchen **Rechenschritten** man die gesuchte Anzahl berechnen kann. Es können alle vier Grundrechenarten vorkommen: Addition, Subtraktion, Multiplikation und Division.

Beispiel:
Bei einem Tennistraining bekommt jedes der vier Kinder fünf Bälle aus einem Eimer, um Aufschlag zu üben. Nach drei Runden sind noch drei Bälle im Eimer. Wie viele Bälle waren im Eimer?

Rechnung: 4 · 5 Bälle = 20 Bälle 3 · 20 Bälle = 60 Bälle
60 Bälle + 3 Bälle = **63 Bälle**

Antwort: Im Eimer waren 63 Bälle.

Übung 27 – Verschwunden

Die Klassen 2a, 2b und 2c bekommen je ein Paket mit sechs Tischtennisbällen für die Pausenkiste. Die 2a hatte in ihrer Pausenkiste noch zwei Bälle, die 2b hatte noch vier Bälle und bei der 2c war die Kiste leer. Wie viele Bälle haben die 2. Klassen jetzt insgesamt?

Übung 28 – Belohnung

Die Bonhoeffer-Grundschule lädt ihre Partnerschule zu einem Sportfest und gemeinsamen Grillen ein. Insgesamt sind 533 Kinder beim Sportfest dabei. 12 Kinder nehmen nicht am Grillen teil. Der Gesamtelternbeirat bestellt 63 Pakete mit je acht Würstchen, 17 Netze mit je 30 Brötchen und 84 Kästen mit je sechs kleinen Flaschen Wasser. Überprüfe, ob die Bestellung reicht, wenn jedes Kind ein Würstchen, ein Brötchen und eine kleine Flasche Wasser bekommen soll. Was muss nachbestellt werden?

Übung 29 – Stadtmeisterschaft

Alle Schülerinnen und Schüler der Friedrich-Schule fahren mit Bussen zu den Stadtmeisterschaften ins Stadion. Wer nicht aktiv teilnimmt, feuert seine Mitschüler an. Es fahren drei große Busse mit je 58 Personen und vier Kleinbusse. Jeder der vier Kleinbusse fährt dreimal mit je 16 Personen. 37 Kinder werden von ihren Eltern direkt ins Stadion gebracht. Wie viele Personen der Friedrich-Schule sind insgesamt im Stadion?

3. KLASSE

Kapitänsaufgabe

Lieblingssportart

Die Schiller-Grundschule will ihre Sport-AGs für das neue Schuljahr planen. Jedes Kind bekommt deshalb einen Fragebogen und muss seine Lieblingssportart ankreuzen. Die Auswertung der Fragebogen ergibt:

Fußball:	138 Kinder
Tennis:	127 Kinder
Hockey:	96 Kinder
Karate:	52 Kinder
Aerobic:	47 Kinder
Leichtathletik:	43 Kinder
Schwimmen:	28 Kinder

Wie viele Kinder waren es bei den Viertklässlern mehr, die sich für eine Fußball-AG statt für eine Tennis-AG entschieden haben?

Welche Angabe fehlt zum Lösen der Aufgabe?

Denke dir eine passende Angabe aus. Dann kannst du diese Aufgabe mit deiner eigenen Angabe lösen.

Übung 30 – Nürburgring

Bei der Deutschen Tourenmeisterschaft auf dem Nürburgring war die Mercedes-Tribüne mit 4 174 abgegebenen Karten im Vorverkauf fast schon ausverkauft. Für die Bilstein-Tribüne wurden im Vorverkauf doppelt so viele Karten abgegeben. Außerdem wurden noch 14 367 andere Karten verkauft. Wenn es für den Nürburgring insgesamt 30 000 Karten gibt, wie viele Zuschauer konnten am Renntag noch Karten kaufen?

Übung 31 – Hockeyturnier

Einmal im Jahr treffen sich ungefähr 800 Mädchen ab acht Jahren zu einem Feldhockeyturnier. Sie spielen ein Wochenende lang Hockey und haben viel Spaß dabei. Der Veranstalter sorgt für Essen und Getränke. Für jede Spielerin rechnet er pro Tag mit zwei Flaschen Wasser und einer Flasche Apfelsaft.
Wie viele Kästen Wasser und Apfelsaft muss er für die Spielerinnen bestellen, wenn in einer Kiste 12 Flaschen sind und er 784 Anmeldungen hat?

Feldhockey

Feldhockey ist ein Mannschaftssport und wird im Sommer auf dem „Feld“ gespielt. Das Feld ist meistens ein Rasen. Im Winter wird in der Halle gespielt. Feldhockey spielt man mit Schlägern und einem Ball. Der Ball darf nicht mit dem Fuß berührt werden, sondern nur mit dem Schläger. Die Mannschaft besteht aus zehn Spielern und einem Torwart. Es gibt aber auch Kleinfeldhockey, dann ist die Mannschaft mit fünf Spielern und einem Torwart genauso groß wie beim Kleinfeldfußball. Ziel des Feldhockeys ist es, wie beim Fußball, möglichst viele Tore zu schießen. Die Regeln beim Feldhockey sind sehr streng, um die Spieler vor Verletzungen zu schützen.

Kapitänsaufgabe

Eishockeyarena

In der SAP-Arena in Mannheim finden in der Wintersaison die Eishockeyspiele der Adler Mannheim statt. Dafür muss die Arena umgebaut werden. Es passen dann viel weniger Zuschauer hinein als bei Konzerten oder anderen Veranstaltungen, weil die Adler eine große Eisfläche brauchen. Deshalb gibt es für die Eishockeyspiele nur 9 934 Sitzplätze. Alle anderen Zuschauer müssen stehen. Wie viele Stehplätze gibt es?

Welche Angabe fehlt zum Lösen der Aufgabe?

Besorge dir die fehlende Angabe. Dann kannst du diese Aufgabe mit deiner eigenen Angabe lösen.

2.1 Textaufgaben mit Geldbeträgen

Geldbeträge addieren und subtrahieren

Man kann Geldbeträge addieren und subtrahieren, wenn sie in der **gleichen Maßeinheit** stehen. Ist das nicht der Fall, muss man sie zuerst in die gleiche Einheit umwandeln.

26 € + 7 € = 33 €   65 ct – 28 ct = 37 ct

Wichtig ist, dass man beim Ergebnis die richtige Maßeinheit angibt.

Übung 1 – Fußballschuhe

Mirko braucht neue Fußballschuhe. Im Sportgeschäft kosten sie 62 €. Mirkos Vater hat die Schuhe im Internet für 47 € gefunden. Bei der Bestellung im Internet kommen allerdings noch 4 € für den Versand dazu. Wie viel Geld kann Mirkos Vater sparen, wenn er die Schuhe im Internet bestellt?

Achtung!

Geldbeträge kannst du in **Euro (€)** und **Cent (ct)** angeben.

1 Euro = 100 Cent   1 € = 100 ct

Übung 2 – Tennisoutfit

Svenja wünscht sich zum Geburtstag einen neuen Tennisschläger. Ihre Großeltern erfüllen ihr diesen Wunsch gerne und kaufen einen Tennisschläger für 39 € und eine Dose Tennisbälle für 6 €. Da Svenja zweimal in der Woche mit dem Fahrrad zum Tennistraining fährt, kaufen die Großeltern noch einen Tennisrucksack für 29 € dazu. An der Kasse zahlt Svenjas Opa mit einem 100-€-Schein. Wie viel Geld bekommt er zurück?

Achtung!

Auf Seite 15 findest du zehn Lösungsschritte, die dir beim Bearbeiten und Lösen von Textaufgaben helfen.

Geldbeträge schriftlich addieren und subtrahieren

Geldbeträge kann man addieren und subtrahieren, wenn sie in der gleichen Maßeinheit stehen.

Geldbeträge mit Kommazahl muss man beim **schriftlichen Addieren und Subtrahieren** stellengerecht untereinanderschreiben. Die Kommas müssen untereinanderstehen.

39,75 € + 25,89 € = ?

```
  39,75 €
+ 25,89 €
   11 1
---------
  65,64 €
```

673,58 € – 271,22 € = ?

```
  673,58 €
– 271,22 €
----------
  402,36 €
```

Übung 3 – Fußballferiencamp

In den Sommerferien möchte Atakan in seinem Fußballverein das Feriencamp besuchen. Die fünf Tage kosten 139,90 €. Für Trikot, Shorts und Stutzen kommen noch 30 € dazu. Atakan braucht außerdem Torwarthandschuhe für 15,50 €. Wie viel kostet das Feriencamp für Atakan?

Übung 4 – Skifreizeit

Die Klasse 4c plant eine Skifreizeit. Die Lehrerin hat von den Eltern bereits 2 210 € eingesammelt. Beim Weihnachtsmarkt haben die Viertklässler selbst gebackene Plätzchen verkauft und 224,50 € eingenommen. An Jennys Mutter, die die Zutaten besorgt hat, müssen sie noch 46,98 € abgeben. In der Klassenkasse sind 65,70 €. Wie viel Geld hat die Klasse insgesamt für ihre Skifreizeit?

Übung 5 – Spendenaufruf

Der TSV 07 möchte einen Mannschaftsbus für die Fußballjugend anschaffen und sucht dafür Sponsoren. Benötigt werden 35 000 €. Viele Firmen unterstützen den Sportverein. Folgende Beträge sind auf dem Spendenkonto eingegangen:

Firma Fischer	4 500 €
Sparkasse	2 222,20 €
Metzger Stiefel	1 020 €
Getränke Rot	1 500 €

Autohaus Braun	342,50 €
Sporthaus Hug	775,20 €
Maler Bauer	187,75 €
Bären Apotheke	420,50 €

Wie viel Geld fehlt noch?

Geldbeträge multiplizieren und dividieren

Man kann Geldbeträge multiplizieren und dividieren.

7 · 6 ct = 42 ct	36 ct : 6 = 6 ct
9 · 8 € = 72 €	64 € : 8 = 8 €

Wichtig ist, dass man beim Ergebnis die richtige Maßeinheit angibt.

Übung 6 – Tennisbälle im Angebot

Für die neue Tennissaison braucht Linus Tennisbälle. Eine Dose mit vier Tennisbällen kostet 8 €. Wie viel kosten 24 Tennisbälle?

Übung 7 – Turnverein

Loredana will Mitglied im Turnverein werden, damit sie regelmäßig mit ihrer Freundin zum Turnen gehen kann. Für einen Monat muss sie 9 € bezahlen. Wie hoch ist der Mitgliedsbeitrag für 12 Monate?

Geldbeträge halbschriftlich multiplizieren

Geldbeträge kann man halbschriftlich multiplizieren.
Beim halbschriftlichen Multiplizieren von Geldbeträgen in **Kommaschreibweise** multipliziert man die Eurobeträge und die Centbeträge getrennt.

8 · 5,09 € = **?**

8 · 5 € = 40 €
8 · 9 ct = 72 ct

40 € + 72 ct = 40 € 72 ct = **40,72 €**

Übung 8 – Hip-Hop-Training

Saskia geht in der Ballettschule regelmäßig zum Kinder-Hip-Hop. Der Monatsbeitrag für 45 Minuten in der Woche beträgt 27,50 €. Wie viel kostet das Hip-Hop-Training in einem Jahr?

Hip-Hop

Der Hip-Hop entstand in den USA. Jugendliche, die Langeweile hatten, schlossen Plattenspieler an Strom spendende Laternen an und reimten zum Rhythmus der Musik passende Texte. Das war die Geburtsstunde des Hip-Hop. Es handelt sich dabei um Rapsongs, in denen Jugendliche ihre Probleme in Reime fassen. Zum Rhythmus der Musik kann z. B. Breakdance getanzt werden.

Geldbeträge halbschriftlich dividieren

Geldbeträge kann man halbschriftlich dividieren. Beim halbschriftlichen Dividieren von Geldbeträgen in **Komma-schreibweise** ist es manchmal einfacher, wenn man zuerst den Geldbetrag in Cent umwandelt.

6,42 € : 6 = **?**

642 ct : 6	= **?**
600 ct : 6	= 100 ct
42 ct : 6	= 7 ct
100 ct + 7 ct	= 107 ct = **1,07 €**

Übung 9 – Tischtennisturnier

Die Friedrich-Schule richtet ein Tischtennisturnier aus und braucht noch Tischtennisbälle. Es liegen drei Angebote vor:
drei Stück für 1,98 €,
sechs Stück für 3,78 €,
neun Stück für 5,85 €.
Welches ist das günstigste Angebot?

Tischtennis

Früher nannte man Tischtennis Pingpong, weil sich das Aufspringen des Balles so anhört. Es handelt sich um ein schnelles Spiel, das von zwei Spielern an einer Tischtennisplatte mit Tischtennisschläger und Ball gespielt wird.

Geldbeträge schriftlich multiplizieren

Es gibt Textaufgaben, in denen man Geldbeträge in **Kommaschreibweise** multiplizieren muss. Man kann entweder den Betrag zuerst in Cent umwandeln und dann multiplizieren oder gleich in Kommaschreibweise schriftlich multiplizieren.

3,12 € · 42 = **?**

Rechenweg 1:

3	1	2	ct	·	4	2						
		1	2	4	8							
				6	2	4						
		1	3	1	0	4	ct					
						=	**1**	**3**	**1,**	**0**	**4**	**€**

Rechenweg 2:

3,	1	2	€	·	4	2	
		1	2	4	8		
				6	2	4	
		1	**3**	**1,**	**0**	**4**	**€**

Auf das Komma kommt es an!

Übung 10 – Sportfest

Beim Sportfest der Theodor-Heuss-Schule bekommen alle 366 Kinder vom Förderverein der Schule eine Flasche mit einem Iso-Sportgetränk spendiert. Eine Flasche kostet 79 ct. Wie viel muss der Förderverein bezahlen?

Geldbeträge schriftlich dividieren

Es gibt Textaufgaben, in denen man Geldbeträge in **Kommaschreibweise** dividieren muss. Man kann entweder den Betrag zuerst in Cent umwandeln und dann dividieren oder gleich in Kommaschreibweise schriftlich dividieren.

37,94 € : 7 = **?** 37,94 € = 3 794 ct

Rechenweg 1:

3	7	9	4	ct	:	7	=	**5**	**4**	**2**	**ct**
3	5										
	2	9									
	2	8									
		1	4								
		1	4								
			0								

Rechenweg 2:

3	7,	9	4	€	:	7	=	**5,**	**4**	**2**	**€**
3	5										
	2	9									
	2	8									
		1	4								
		1	4								
			0								

Auf das Komma kommt es an!

Übung 11 – Tennishallenmiete

Tina, Sandra, Babsi und Fatma spielen zusammen in einer Tennismannschaft. Sie wollen auch im Winter gemeinsam trainieren und buchen deshalb eine Hallenstunde. Den Rechnungsbetrag von 576,76 € teilen sie sich. Wie viel bezahlt jede?

Mit Geldbeträgen rechnen

Bei allen Textaufgaben mit Geldbeträgen muss man genau überlegen, mit welchen **Rechenschritten** man den gesuchten Geldbetrag berechnen kann. Es können alle vier Grundrechenarten vorkommen: Addition, Subtraktion, Multiplikation und Division.

Beispiel:
Tabea kauft drei Dosen Tennisbälle. Jede Dose kostet 7,50 €. Sie bezahlt mit einem 50-€-Schein. Wie viel Geld bekommt Tabea zurück?

Rechnung: 7,50 € · 3 = 22,50 €
50,00 € – 22,50 € = **27,50 €**

Antwort: Tabea bekommt 27,50 € zurück.

Übung 12 – Bundesjugendspiele

Alex möchte für sich und seine Freunde für die Bundesjugendspiele sechs Müsliriegel kaufen. Er vergleicht die Angebote: Ein Dreierpack kostet 1,39 €. Ein Sechserpack kostet 2,55 €. Wie viel Geld spart Alex bei dem günstigeren Angebot?

Achtung!

Denke daran, bei jedem Geldbetrag die **Maßeinheit** (€ oder ct) dazuzuschreiben.

Kapitänsaufgabe

Schwimm dich fit!

Max möchte regelmäßig ins Schwimmbad gehen, um für das Sportabzeichen zu trainieren. Deshalb läuft er nach der Schule am Schwimmbad vorbei und erkundigt sich nach den Eintrittspreisen. Eine Einzelkarte kostet 1,50 €. Es gibt aber auch günstige Sechserkarten und eine Saisonkarte für 30 €. Da Max ja regelmäßig schwimmen gehen möchte, vergleicht er die Sechserkarte mit der Saisonkarte. Wie oft muss Max ins Schwimmbad gehen, damit die Saisonkarte günstiger ist?

Welche Angabe fehlt zum Lösen der Aufgabe?

Denke dir eine passende Angabe aus. Dann kannst du diese Aufgabe mit deiner eigenen Angabe lösen.

Übung 13 – Teures Vergnügen

Familie Schuhmacher möchte ein Formel-1-Rennen besuchen. Deshalb sucht Felix im Internet die Kartenpreise heraus: Das Sonntagsticket für Erwachsene kostet 229 € oder auf den besseren Plätzen 279 €, für Kinder 114 € oder 139 €. Berechne jeweils den Gesamteintrittspreis für Felix, seine Schwester und seine Eltern. Wie groß ist der Preisunterschied für Familie Schuhmacher zwischen den beiden Angeboten?

Übung 14 – Benefizspiel

Auch in diesem Jahr findet wieder ein Benefiz-Fußballspiel statt: Formel-1-Fahrer spielen gegen Prominente aus Sport und Fernsehen. Leylas Vater besorgt die Karten für sich und seine drei Kinder. Eine Karte für Erwachsene kostet 15 €, Kinderkarten kosten die Hälfte. Wie viel muss Leylas Vater bezahlen?

Übung 15 – Snowboardkurs

Marlene und ihre Zwillingsschwester nehmen in den Weihnachtsferien an einem Snowboardkurs teil. Da sie beide keine Snowboards haben, leihen sie sich die Ausrüstung. Die Leihgebühr beträgt pro Kind 45 €. Der Snowboardkurs kostet für jedes Kind 105 € und der Liftpass für jedes Kind 127,50 €. Wie viel müssen die Eltern für beide Kinder bezahlen?

Snowboarden

Es ist gar nicht so einfach, auf einem Snowboard die Piste hinunterzufahren oder in der Halfpipe coole Sprünge zu wagen. Bei dieser Sportart ist es wichtig, das Gleichgewicht zu halten. Wer schon Skateboard gefahren oder im Sommer gesurft ist, dem fällt Snowboarden nicht so schwer. Snowboarder müssen außerdem üben, wie sie richtig hinfallen und mit dem Schlepplift fahren. Die ersten Tage auf dem Snowboard sind die schwierigsten. Wenn man dann Schwünge an flachen Hängen fahren kann, hat man es geschafft.

Kapitänsaufgabe

Reiterferien

Sammy liebt Pferde über alles. In den Sommerferien darf sie für zwei Wochen auf einen Reiterhof. Der Pauschalpreis für eine Woche Reiterferien mit sieben Gruppenreitstunden beträgt 255 €. Sammys Eltern buchen zwei Wochen Reiterferien und noch sieben zusätzliche Einzelreitstunden. Wie viel müssen die Eltern für Sammys Reiterferien bezahlen?

Welche Angabe fehlt zum Lösen der Aufgabe?

Denke dir eine passende Angabe aus. Dann kannst du diese Aufgabe mit deiner eigenen Angabe lösen.

Übung 16 – Minigolftag

Die Klasse 4 b plant zum Ende des Schuljahres einen Sporttag auf dem Minigolfplatz. Alle 25 Schüler der Klasse machen mit. Jeder spielt zwei Runden. Eine Karte für fünf Runden kostet 6,50 €. Wie viel muss jedes Kind bezahlen?

Minigolf

Minigolf ist im Vergleich zu Golf noch eine junge Sportart. 1953 wurde in der Schweiz der erste Minigolfplatz errichtet. 1956 entstand in einem Hamburger Freizeitpark die erste Miniaturgolfanlage in Deutschland. Nach dem Prinzip des Golfspiels muss auf 18 Bahnen ein Ball mit einem Schläger vom Abschlag über eine bestimmte Entfernung und einige Hindernisse in ein Loch geschlagen werden. Heute werden auch internationale Minigolfwettbewerbe ausgetragen: Es gibt Europa- und Weltmeisterschaften.

Übung 17 – Eishockeyfans

Frau Adler und ihre Kinder sind begeisterte Eishockeyfans. Damit Frau Adler kein Heimspiel verpasst, hat sie sich rechtzeitig eine Dauerkarte für 397,85 € bestellt. Zu den sechs Heimspielen nimmt sie auch ihre drei Kinder mit. Eine Eintrittskarte für ein Kind kostet 11,50 €. Beim ersten Spiel kaufen sie sich im Fanshop alle noch einen Schal. An der Kasse zahlt Frau Adler mit einem 100-€-Schein und bekommt 40,60 € zurück.
Wie viel muss Frau Adler in der Saison für Eintritt und Fanschals bezahlen?

Übung 18 – Raftingkurs

Frau und Herr Stein wollen mit ihren drei Kindern für zwei Tage einen Rafting-Schnupperkurs buchen. Der Schnupperkurs beinhaltet jeden Tag drei Stunden Training und kostet für die Erwachsenen pro Tag 65,00 €, für die Zwillinge pro Tag je 45,00 € und für das jüngste Kind 35,00 €. Außerdem will Familie Stein noch in einem Hotel übernachten. Sie haben ein Angebot für die ganze Familie mit Frühstück für 218,50 €. Familie Stein möchte für das Wochenende nicht mehr als 1 000 € ausgeben. Reicht das Geld, auch wenn sie noch 150,00 € für Essen und Getränke einrechnen?

Rafting

Das Wort Rafting kommt aus dem Englischen. „Raft" heißt übersetzt Floß. Rafting ist seit über 20 Jahren eine Freizeitsportart. Man fährt mit einem Schlauchboot (Raft) einen Fluss oder ein Wildwasser hinunter. In einem Raft sitzen meistens vier bis 12 Personen. Jede hat ein Stechpaddel, um das Boot vorwärtszutreiben und um an Stromschnellen nicht umzukippen. Alle haben aus Sicherheitsgründen Helme auf dem Kopf und Schwimmwesten an, denn es kann beim Rafting ganz schön turbulent werden.

Kapitänsaufgabe

Bowling

Joshua feiert seinen zehnten Geburtstag mit 13 Freunden im Bowlingcenter. Die Bowlingbahn kostet für vier Stunden 68,80 €. Joshua und seine Gäste bleiben aber nur drei Stunden. Jedes Kind darf sich zwei Getränke aussuchen. Joshuas Oma und Eltern gehen auch mit. Jeder Erwachsene trinkt einen Kaffee für 1,90 € und ein Saftgetränk. Wie viel kostet die Geburtstagsfeier?

Welche Angaben fehlen zum Lösen der Aufgabe?

Denke dir passende Angaben aus. Dann kannst du diese Aufgabe mit deinen eigenen Angaben lösen.

2.2 Textaufgaben mit Längenangaben

Längenangaben addieren und subtrahieren

Man kann Längenangaben addieren und subtrahieren, wenn sie in der **gleichen Maßeinheit** stehen.

29 m + 62 m = 91 m 82 cm – 38 cm = 44 cm

Wichtig ist, dass man beim Ergebnis die richtige Maßeinheit angibt.

Übung 1 – Schlagball

Die Klasse 2a trainiert für die Bundesjugendspiele Weitwurf mit dem Schlagball. Moritz wirft 44 m weit. Leon schafft 17 m weniger als Kim. Ayse schafft 12 m weniger als Moritz. Kim wirft 8 m weiter als Ayse. Wie weit hat jedes Kind geworfen?

Achtung!

Je nach Messgerät sind die Längenmaße in **Meter (m)**, **Zentimeter (cm)** oder **Millimeter (mm)** angegeben.

1 m = 100 cm
1 cm = 10 mm

Längenangaben schriftlich addieren und subtrahieren

Längenangaben kann man addieren und subtrahieren, wenn sie in der gleichen Maßeinheit stehen.

Längenangaben mit Kommazahl muss man beim **schriftlichen Addieren und Subtrahieren** stellengerecht untereinanderschreiben. Die Kommas müssen untereinanderstehen.

5,28 m + 2,37 m = **?**	64,20 m – 32,25 m = **?**
5,28 m	64,20 m
+ 2,37 m	– 32,25 m
1	1 1
7,65 m	**31,95 m**

Achtung!

Auf Seite 15 findest du zehn Lösungsschritte, die dir beim Bearbeiten und Lösen von Textaufgaben helfen.

Übung 2 – Skispringer

Cedric und Alena haben neue Skier bekommen. Cedrics Skier sind 1,58 m lang, Alenas sind 16 cm kürzer. Bei einem Skispringen vergleichen die beiden ihre Skilängen mit der Skilänge des Siegers. Dieser ist 1,80 m groß und seine Skier sind 2,62 m lang. Wie viel länger sind die Skier des Skispringers im Vergleich zu Cedrics und Alenas Skiern?

Übung 3 – Inlinerlauf

Die abgesperrte Strecke für einen Inlinerlauf ist genau 29,554 km lang. Nach 12,5 km wird der Lauf wegen Regens unterbrochen und Ines steigt in den Begleitbus ein. Als der Regen aufhört, fährt Ines die letzten 7,2 km wieder mit ihren Inlinern. Wie lang ist die Strecke, die sie mit dem Bus gefahren ist?

Achtung!

Große Längenmaße werden in **Kilometer** gemessen. Das Wort „Kilo“ kommt aus dem Griechischen und bedeutet „tausend“.

1 000 m = 1 km

Übung 4 – Radtour

Die Lerngruppe „Rhinos“ macht eine Radtour. Die Kinder fahren zunächst zum 6,8 km entfernten Badesee. Nach einer kurzen Erfrischungspause geht es weiter zu einem Abenteuerspielplatz, der 3 km 850 m entfernt ist. Am Nachmittag machen sie sich wieder auf den Heimweg. Die Kinder fahren jetzt nicht mehr am Badesee vorbei, sondern nehmen die direkte Route, die 1 200 m kürzer ist. Wie viele Kilometer sind sie mit dem Rad gefahren?

Längenangaben multiplizieren und dividieren

Man kann Längenangaben multiplizieren und dividieren.

$7 \cdot 4\text{ m} = 28\text{ m}$ $49\text{ cm} : 7 = 7\text{ cm}$

Wichtig ist, dass man beim Ergebnis die richtige Maßeinheit angibt.

Übung 5 – Lauftraining

Hatices ältere Schwester Ayse trainiert dreimal in der Woche mit ihrem Vater. Ihre Laufstrecke ist 7 km lang. Ayses Klassenkameraden Luis und Atakan trainieren für einen Halbmarathon und gehen zweimal in der Woche zum Lauftreff. Sie laufen jedes Mal 9 km. Wie viele Kilometer läuft jeder in einer Woche?

Halbmarathon

Die Laufstrecke eines Halbmarathons beträgt genau die Hälfte der Streckenlänge eines Marathons. Sie ist etwa 21,100 km lang. Die meisten Straßenläufe haben diese Länge, denn bei vielen Laufsportveranstaltungen und Volksläufen werden Halbmarathons gelaufen.

Längenangaben halbschriftlich multiplizieren

Längenangaben kann man halbschriftlich multiplizieren. Beim halbschriftlichen Multiplizieren von Längenangaben in **Kommaschreibweise** muss man zuerst umwandeln. Danach kann man schrittweise multiplizieren.

5,12 m · 6 = **?**

5 m · 6 = 30 m
12 cm · 6 = 72 cm

30 m + 72 cm = **30,72 m**

Übung 6 – Fußballtore

Jugendfußballtore sind 5 m breit und 2 m hoch. Fußballtore für Männer und Frauen sind gleich groß. Sie sind 2,44 m hoch und dreimal so breit. Wie breit ist ein Fußballtor für Erwachsene?

Übung 7 – Schließfächer

Nach mehreren Diebstählen schafft ein Sportverein für die Umkleidekabinen Schließfachschränke mit je sechs Schließfächern an. Es sollen vier Schränke nebeneinander an eine Wand gestellt werden. Ein Schrank ist 1,85 m hoch und 42 cm breit. Wie lang muss die Wand mindestens sein?

Längenangaben halbschriftlich dividieren

Längenangaben kann man halbschriftlich dividieren. Beim halbschriftlichen Dividieren von Längenangaben in **Kommaschreibweise** ist es manchmal einfacher, wenn man zuerst die Längenangabe in eine kleinere Einheit umwandelt, damit man ohne Komma rechnen kann.

4,28 m : 4 = **?**

428 cm : 4 = **?**

400 cm : 4 = 100 cm
28 cm : 4 = 7 cm

100 cm + 7 cm = 107 cm = **1,07 m**

Übung 8 – Vor der Sportstunde

Die Burgschule hat in der Sporthalle sieben Langbänke. Vor dem Sportunterricht sitzen immer acht Schüler auf einer Bank. Wie viel Platz hat dann ein Schüler im Durchschnitt, wenn die Bank 3,60 m lang ist?

Längenangaben schriftlich multiplizieren

Es gibt Textaufgaben, in denen man Längenangaben in **Kommaschreibweise** multiplizieren muss. Man kann die Längenangabe in eine kleinere Einheit umwandeln, sodass man ohne Komma rechnen kann. Man kann auch in Kommaschreibweise schriftlich multiplizieren.

3,72 km · 26 = **?**

Rechenweg 1:

3	7	2	0	m	·	2	6					
			7	4	4	0						
			2	2	3	2	0					
			9	6	7	2	0	m				
						=	**9**	**6,**	**7**	**2**	**0**	km

Rechenweg 2:

3,	7	2	km	·	2	6	
		7	4	4	0		
		2	2	3	2	0	
		9	**6,**	**7**	**2**	**0**	km

Auf das Komma kommt es an!

Übung 9 – Formel 1

Das Formel-1-Rennen um den Großen Preis von Deutschland wird auf dem Hockenheimring ausgetragen. Jeder Fahrer muss 67 Runden fahren. Eine Runde ist 4 574 m lang. Berechne die Renndistanz beim Großen Preis von Deutschland in Kilometern.

Längenangaben schriftlich dividieren

Es gibt Textaufgaben, in denen man Längenangaben in **Kommaschreibweise** dividieren muss. Man kann die Längenangabe in eine kleinere Einheit umwandeln, sodass man ohne Komma rechnen kann. Man kann auch in Kommaschreibweise schriftlich dividieren.

15,75 km : 7 = **?**   15,75 km = 15 750 m

Rechenweg 1:

1	5	7	5	0	m	:	7	=	**2**	**2**	**5**	**0**	**m**
1	4												
	1	7											
	1	4											
		3	5										
		3	5										
			0										

Rechenweg 2:

1	5,	7	5	km	:	7	=	**2,**	**2**	**5**	**km**
1	4										
	1	7									
	1	4									
		3	5								
		3	5								
			0								

Auf das Komma kommt es an!

Übung 10 – Jakobsweg

Der Jakobsweg ist ein berühmter Pilgerweg für Wanderer in Spanien. Er ist ca. 780 km lang. Ein Pilger ist genau 784 km gelaufen. Wie viele Kilometer ist er im Durchschnitt auf einer Etappe gelaufen, wenn er die Strecke in 32 Etappen geschafft hat?

Übung 11 – Großer Preis

Jedes Jahr wird in Monza ein Formel-1-Rennen ausgetragen. Bei diesem Rennen, dem Großen Preis von Italien, sind 53 Runden zu fahren und die Gesamtstrecke ist 307,294 km lang. Wie lang ist eine Runde?

Motorsport

In einer Formel-1-Saison werden mehrere Rennen gefahren, bis am Ende der Saison der Weltmeister feststeht. Die Rennen werden „Grand Prix“ oder „Großer Preis“ genannt. Michael Schuhmacher und Sebastian Vettel sind die bekanntesten deutschen Rennfahrer. Sie waren beide schon mehrere Male Weltmeister.
Bei einem Formel-1-Rennen ist der Start eine spannende Phase, denn oft ist das Überholen auf der Strecke schwierig. Während des Rennens geben Flaggen den Fahrern Hinweise, z. B. signalisiert die gelbe Flagge Gefahr. Die Fahrer müssen dann langsam fahren und dürfen nicht überholen. Wird die schwarz-weiß karierte Flagge gezeigt, ist das Rennen beendet.

Bruchteile von Längenangaben

Es gibt Textaufgaben, in denen man mit **Bruchteilen** von Längenangaben rechnen muss. Dafür unterteilt man zuerst eine Gesamtstrecke in gleich lange Strecken und nimmt dann so viele Teile davon, wie in der Aufgabe angegeben.

Beispiel:

Bei einem Radrennen von 2 400 m Länge führt der Fahrer mit dem Gelben Trikot nach $\frac{3}{4}$ der Strecke. Wie viele Meter ist er schon gefahren?

Skizze:

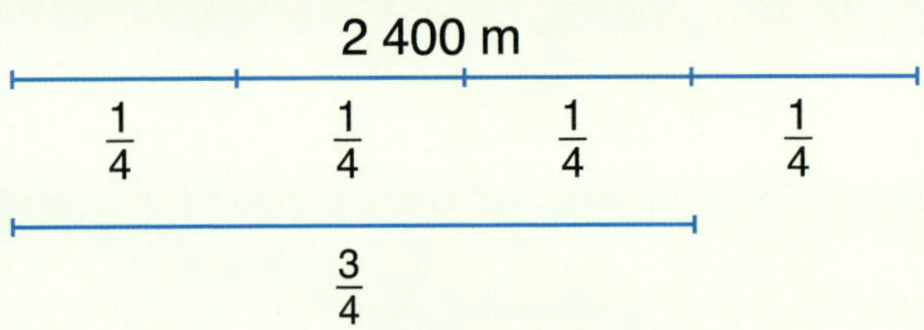

Rechnung: 2 400 m : 4 = 600 m   600 m · 3 = **1 800 m**

Antwort: Er ist schon 1 800 m gelaufen.

Übung 12 – Radtour

Bei einer mehrtägigen Radtour in den Ferien hat Familie Altig am vierten Tag $\frac{2}{3}$ der geplanten Wegstrecke hinter sich gebracht. Welche Strecke hat sich die Familie vorgenommen, wenn der Tacho anzeigt, dass bereits 168 km gefahren wurden?

Kapitänsaufgabe

In der Loipe

Kevin und Jenny gehen im Winter jedes Wochenende mit ihren Eltern auf die Langlaufloipe. Heute haben sie schon $\frac{1}{4}$ der Strecke geschafft, als sie die erste Pause machen. Nach weiteren 2,5 km kehren sie in einer Skihütte ein. Von dort aus haben sie nicht mehr weit bis zu ihrem Ziel. Wie viele Kilometer müssen sie dann noch laufen?

Welche Angabe fehlt zum Lösen der Aufgabe?

Denke dir eine passende Angabe aus. Dann kannst du diese Aufgabe mit deiner eigenen Angabe lösen.

Mit Längenangaben rechnen

Bei allen Textaufgaben mit Längenangaben muss man genau überlegen, mit welchen **Rechenschritten** man die gesuchte Längenangabe berechnen kann. Es können alle vier Grundrechenarten vorkommen: Addition, Subtraktion, Multiplikation und Division.

Beispiel:
Lilli geht mit ihrem Bruder Leon jeden Dienstag und jeden Donnerstag joggen. Sie laufen immer die gleiche Strecke von 2,5 km. Wie viele Kilometer laufen sie in acht Wochen?

Rechnung: 2,5 km + 2,5 km = 5 km   5 km · 8 = **40 km**

Antwort: Sie laufen in acht Wochen 40 km.

Übung 13 – Langlauf

Im Winterurlaub trainiert Saskia in der Langlaufloipe. Ihre Strecke ist 2 km lang. In der ersten und zweiten Woche geht sie je dreimal in die Loipe, wobei sie in der zweiten Woche zweimal sogar die doppelte Strecke läuft. Wie viele Kilometer legt Saskia insgesamt zurück?

Achtung!

Denke daran, bei jeder Längenangabe die **Maßeinheit** (km, m, cm oder mm) dazuzuschreiben.

Kapitänsaufgabe

Gültiger Versuch

Bei den Bundesjugendspielen hat beim Weitsprung jeder drei Versuche. Beim Absprung muss nicht unbedingt der Absprungbalken getroffen werden. Ein Sprung ist gültig, wenn der Absprung in der Absprungzone liegt. Diese Absprungzone reicht von 30 cm vor bis 30 cm hinter dem Absprungbalken. Wie breit ist die Absprungzone?

Welche Angabe fehlt zum Lösen der Aufgabe?

Denke dir eine passende Angabe aus. Dann kannst du diese Aufgabe mit deiner eigenen Angabe lösen.

Übung 14 – Hochsprung

Bei den Leichtathletikmeisterschaften erreicht Christoph im Hochsprung seine persönliche Bestleistung. Er überspringt die Anfangshöhe von 1,56 m bereits im ersten Versuch. Die Latte wird noch dreimal 5 cm höher gelegt. Diese Höhe überspringt Christoph auch, bei den nächsten drei Versuchen scheitert er jedoch. Welche Höhe hat Christoph noch geschafft und bei welcher Höhe ist die Latte nicht mehr liegen geblieben?

Leichtathletik

Laufen, Springen und Werfen sind die verschiedenen Disziplinen der Leichtathletik. Leichtathletikwettkämpfe finden in einem Stadion oder in einer Halle statt. Bei den ersten Olympischen Spielen im Jahr 1896, an denen nur Männer teilnehmen durften, wurden bereits Leichtathletikwettkämpfe ausgetragen. Erst ab 1928 durften auch Frauen an der Olympiade teilnehmen. Die Olympischen Spiele finden alle vier Jahre an unterschiedlichen Orten in der Welt statt. Im Jahr 2012 wurden sie in London veranstaltet, 2016 ist Rio de Janeiro Austragungsort.

Kapitänsaufgabe

Neue Sportgeräteschränke

Für eine Sporthalle werden fünf neue Schränke bestellt, die an einer Wand nebeneinander aufgestellt werden sollen. Die Sportlehrerinnen wollen zwei Sportgeräteschränke mit je 120 cm Breite und zwei Ballschränke mit je 2 m Breite bestellen. Der fünfte Schrank soll ein Schrank für Messinstrumente werden. Wie breit darf er höchstens sein?

Welche Angabe fehlt zum Lösen der Aufgabe?

Denke dir eine passende Angabe aus. Dann kannst du diese Aufgabe mit deiner eigenen Angabe lösen.

Übung 15 – Strafrunden

Bei einem Biathlon-Wettkampf gehen vier Läufer an den Start. Jeder von ihnen muss mindestens eine Strecke von 7,5 km laufen. Während der erste und der dritte Läufer beim Schießen erfolgreich waren, muss der zweite Läufer zwei Strafrunden mit je 150 m zusätzlich laufen. Der Schlussläufer muss einmal in die Strafrunde. Wie viele Kilometer legt diese Staffel insgesamt zurück?

Biathlon

Biathlon bedeutet Zweikampf und ist eine Wintersportart, die sich aus Skilanglauf und Schießen zusammensetzt. Die Langlaufstrecken sind unterschiedlich lang. Beim Einzel müssen Männer 20 km laufen und Frauen 15 km. Es gibt aber auch Biathlon-Staffeln. Bei einer Männerstaffel ist die Strecke 4 × 7,5 km lang und bei einer Frauenstaffel 4 × 6 km. Die Schießübungen werden im Liegen oder im Stehen ausgeführt. Wird beim Schießen nicht getroffen, muss der Läufer in eine 150 m lange Strafrunde oder er bekommt eine Strafminute.

Übung 16 – Pistenkilometer

Max und Zoe waren am Sonntag beim Skifahren. Auf dem Nachhauseweg im Skibus vergleichen sie, wie viele Pistenkilometer sie gefahren sind. Max erzählt, dass er die Familienabfahrt von 1,5 km Länge dreimal gefahren ist und die rote Piste von 700 m Länge insgesamt fünfmal. Die blaue Piste ist er nur einmal gefahren. Zoe ist die rote Piste viermal gefahren, die blaue Piste von 1,1 km dreimal und sogar die 850 m lange schwarze Piste dreimal. Wer ist die meisten Kilometer gefahren und wie groß ist der Unterschied in Metern?

Skipisten

Skipisten sind je nach Schwierigkeitsgrad farblich gekennzeichnet: Leichte Pisten sind durch blaue, mittelschwere durch rote und schwere durch schwarze Schilder markiert. Schwere Pisten sind außerdem oft für Ski- oder Snowboardfahrer durch Fangnetze oder andere Sicherheitsvorkehrungen gesichert. Auf den Pisten gelten besondere Verhaltensregeln, die vom Internationalen Skiverband aufgestellt worden sind.

Kapitänsaufgabe

Golfsport

Anna hat sich noch nicht entschieden, ob sie sich für den Golf-Schnupperkurs in den Ferien anmelden soll. Sie ist sich nicht sicher, ob ihr dieser Sport Spaß machen könnte.
Um schon einmal ein bisschen Golf zu schnuppern, begleitet sie ihre Großeltern, die begeisterte Golfer sind, ab und zu auf den Golfplatz. Die Bahnlänge für Herren ist dort mit 6 178 m angegeben. Die Bahnlänge für Damen ist etwas kürzer. Wie viele Kilometer läuft Anna auf dem Golfplatz, wenn sie zweimal ihren Opa und dreimal ihre Oma begleitet?

Welche Angabe fehlt zum Lösen der Aufgabe?

Denke dir eine passende Angabe aus. Dann kannst du diese Aufgabe mit deiner eigenen Angabe lösen.

2.3 Textaufgaben mit Gewichten

Gewichtsangaben addieren und subtrahieren

Gewichte kann man addieren und subtrahieren. Bevor man rechnet, muss man überprüfen, ob die Gewichte in der **gleichen Schreibweise** stehen. Sonst muss man zuerst alle Angaben in die gleiche Schreibweise umwandeln.

Beim **schriftlichen Addieren und Subtrahieren** muss man die Gewichte stellengerecht untereinanderschreiben.

2 kg 506 g + 321 g = **?**

```
  2 kg 506 g
+ 0 kg 321 g
------------
  2 kg 827 g
```

6 kg 764 g – 650 g = **?**

```
  6 kg 764 g
– 0 kg 650 g
------------
  6 kg 114 g
```

Übung 1 – Hammerwerfen

Ein Sportgeschäft verkauft unterschiedlich schwere Hämmer zum Hammerwerfen. Ein Trainingshammer wiegt genau 3 kg und ein Wettkampfhammer wiegt 7 kg 260 g. Um wie viel ist der Trainingshammer leichter?

Achtung!

So werden die Gewichtseinheiten abgekürzt:
Kilogramm = kg **Gramm = g**

So kannst du umrechnen: 1 kg = 1 000 g

Übung 2 – Rennradgewicht

Für die Fahrt zum Fahrradtraining heben Greta und ihr Bruder ihre Rennräder auf den Autogepäckträger des Trainers. Gretas Fahrrad wiegt 9 kg 700 g und das ihres Bruders 10 kg 870 g. Wie groß ist der Unterschied?

Übung 3 – Ballträger

Im Sportunterricht tragen Joshua und Meike die Bälle auf den Platz. Joshua schnappt sich den großen Medizinball und Meike muss zwei Netze tragen. Der Medizinball wiegt 2 kg 850 g. In dem einen Netz sind ein American Football mit 425 g und ein Basketball mit 575 g. Im anderen Netz sind ein Beachvolleyball mit 275 g und ein Schleuderball mit 1 kg 500 g. Ist Joshua ein Kavalier und trägt mehr als Meike? Um wie viel schwerer oder leichter ist der Medizinball?

Achtung!

Auf Seite 15 findest du zehn Lösungsschritte, die dir beim Bearbeiten und Lösen von Textaufgaben helfen.

Übung 4 – Wettkampfvorbereitung

Bei der Vorbereitung auf einen Wettkampf im Gewichtheben stößt eine Gewichtheberin folgende Gewichte: 78 kg, 84,5 kg, 104 kg, 111,5 kg und beim letzten Versuch sogar 114 kg. Wie viele Kilogramm hat sie insgesamt im Training gestoßen?

Gewichtheben

Gewichtheben ist eine olympische Sportart. Dabei müssen die Athletinnen und Athleten eine Hantel mit unterschiedlich schweren Gewichten reißen oder stoßen. Beim Reißen stemmen sie die Gewichte in einem Zug vom Boden nach oben und halten sie über dem Kopf. Beim Stoßen bringen sie die Gewichte zuerst auf Brusthöhe, können noch einmal durchatmen und müssen dann mit erneuter Kraft die Hantel ganz nach oben über den Kopf mit gestreckten Armen stemmen und kurz halten.

Gewichtsangaben halbschriftlich multiplizieren und dividieren

Gewichte kann man halbschriftlich multiplizieren und dividieren. Dabei rechnet man schrittweise.

2 kg 312 g · 6 = **?**

2 kg · 6 = 12 kg
300 g · 6 = 1 800 g
12 g · 6 = 72 g

12 kg + 1 800 g + 72 g =
13 kg 872 g

16 kg 420 g : 4 = **?**

16 kg : 4 = 4 kg
400 g : 4 = 100 g
20 g : 4 = 5 g

4 kg + 100 g + 5 g =
4 kg 105 g

Übung 5 – Matten abladen

Die Lerngruppe „Dolphins“ bereitet im Sportunterricht einen Parcours vor. Mesut, Kim, Jila und Ben holen den Mattenwagen und laden vier Matten ab. Jede Matte wiegt 17 kg 200 g. Wie viel Gewicht haben alle Matten zusammen?

Übung 6 – Anstrengend

Auf dem Sportplatz werden für die Sprunggrube 500 kg Sand angeliefert. 4 kg davon holt sich die dritte Klasse für Versuche. Der Hausmeister muss danach achtmal seine Schubkarre füllen, bis der Sand verteilt ist. Wie viel Sand hat er im Durchschnitt in jeder Schubkarre transportiert?

Gewichtsangaben schriftlich multiplizieren

Es gibt Textaufgaben, in denen man Gewichtsangaben in **Kommaschreibweise** multiplizieren muss. Man kann entweder die Angabe in eine kleinere Einheit umwandeln, sodass man keine Kommazahl hat, oder man multipliziert schriftlich in Kommaschreibweise.

4,65 t · 8 = **?**   4,65 t = 4 650 kg

Rechenweg 1:

4	6	5	0	kg	·	8		
		3	7	2	0	0	kg	
			=	**3**	**7,**	**2**	**t**	

Rechenweg 2:

4,	6	5	t	·	8	
		3	**7,**	**2**	**0**	**t**
		=	**3**	**7,**	**2**	**t**

Auf das Komma kommt es an!

Übung 7 – Roter Sand

Ein Tennisverein bestellt Tennissand: vier Big-Bag-Säcke zu je 1 t und 12 Säcke zu je 25 kg. Wie viele Tonnen Sand werden bestellt?

Achtung!

So werden die Gewichtseinheiten abgekürzt:
Tonne = t   **Kilogramm = kg**   **Gramm = g**

So kannst du Gewichtsangaben von einer Einheit in eine andere Einheit umrechnen:
1 t = 1 000 kg
1 kg = 1 000 g

Übung 8 – Neue Anzüge

Ein Taekwondo-Trainer bestellt im Internet für seine Jugendmannschaft 16 neue Taekwondo-Anzüge mit Vereinsaufdruck. Jeder Anzug wiegt 0,55 kg. Auf der Homepage des Anbieters steht: bis 10 kg versandkostenfrei.
Um wie viel liegt das Gewicht der Anzüge entweder unter oder über 10 kg?

Taekwondo

Taekwondo heißt übersetzt „Selbstverteidigung mit Faust und Fuß" und ist ähnlich wie Karate. Auch bei dieser Sportart wird mit Händen und Füßen gekämpft. Die Fußtechnik ist dabei das Wichtigste. Sie ist oft fast akrobatisch, denn die Taekwondoin, so heißen die Sportler, müssen Sprünge, Wendungen und blitzschnelles Zustoßen beherrschen.
Es gibt zwei Wettkampfdisziplinen: den Formenlauf und den Freikampf. Beim Formenlauf werden nur Übungen ohne Gegner vorgeführt. Beim Freikampf wird gegen einen Gegner angetreten. Ziel ist es, mit Fuß- und Fausttechniken markierte Stellen am Körper des Gegners zu treffen. Die Regeln sind sehr streng. Sie verbieten Faustoße zum Kopf, Schläge in den Rücken sowie Werfen oder Festhalten des Gegners.

Gewichtsangaben schriftlich dividieren

Es gibt Textaufgaben, in denen man Gewichtsangaben in **Kommaschreibweise** dividieren muss. Man kann entweder die Angabe in eine kleinere Einheit umwandeln, sodass man keine Kommazahl hat, oder man dividiert schriftlich in Kommaschreibweise.

3,640 t : 7 = **?**   3,640 t = 3 640 kg

Rechenweg 1:

3	6	4	0	kg	:	7	=	**5**	**2**	**0**	**kg**
3	5										
	1	4									
	1	4									
		0									

Rechenweg 2:

3,	6	4	0	t	:	7	=	**0,**	**5**	**2**	**0**	**t**
0												
3	6											
3	5											
	1	4										
	1	4										
		0										

Auf das Komma kommt es an!

Übung 9 – Marathonläufer

Herr Renner trainiert für einen Marathonlauf. Vor dem Training rührt er sich immer zwei Liter Wasser mit einem Mineralstoffpulver an. Er kauft das Pulver in Beuteln zu je 3,2 kg. Das reicht für 40 Flaschen. Wie viel Gramm Pulver schüttet Herr Renner in eine Flasche, wenn er immer gleich viel Pulver nimmt?

Übung 10 – Sportplatzerneuerung

Die Grundschule am Wald hatte bislang nur einen Sportplatz mit Hartboden. Dieser soll durch einen Sportplatz mit Rasen ersetzt werden. Nach einer Woche Bauzeit rollen 12 Lkws mit insgesamt 30 t Erde an. Wie viele Tonnen Erde hat jeder der 7,5-t-Lkws transportiert, wenn alle gleich viel Erde geladen hatten?

Übung 11 – Pastaparty

Zu den beliebtesten Veranstaltungen rund um einen Marathon gehört die Pastaparty am Abend vor dem Wettkampf. Pasta ist das italienische Wort für Teig und bezeichnet italienische Nudeln. Bei einem Bike-Marathon werden am Tag vor dem Rennen an 16 Kochzelte insgesamt 0,5 t Nudeln geliefert. Jedes Zelt bekommt die gleiche Menge. Wie viele Kilogramm Nudeln können in jedem Zelt gekocht werden?

Bruchteile von Gewichten

Es gibt Textaufgaben, in denen man mit **Bruchteilen** von Gewichten rechnen muss. Dafür unterteilt man zuerst ein Gesamtgewicht in gleich schwere Teile und nimmt dann so viele Teile davon, wie in der Aufgabe angegeben.

Beispiel:
Es gibt Handbälle, die etwa $\frac{3}{4}$ des Gewichts eines Basketballs haben. Wie schwer ist ein solcher Handball, wenn ein Basketball 0,6 kg wiegt?

Rechnung: 0,6 kg = 600 g 600 g : 4 = 150 g
150 g · 3 = **450 g**

Antwort: Ein solcher Handball wiegt 450 g.

Übung 12 – Anglerkönig

Beim Wettangeln an einem See wird der Anglerkönig ermittelt. König ist, wer den schwersten Fisch aus dem Wasser holt. Der schwerste Fisch, der geangelt wird, wiegt 3,68 kg. Der leichteste wiegt nur ein Achtel davon. Wie viel Gramm wiegt der leichteste Fisch?

Übung 13 – Fliegengewicht

Sarahs Tischtennisschläger in der Schule ist genau ein Viertel leichter als ihr Tennisschläger zu Hause. Der Tennisschläger zu Hause wiegt 0,312 kg. Wie schwer ist Sarahs Tischtennisschläger in der Schule?

Übung 14 – Kletterseile

Frau Keil hat sich und ihren Sohn Benno zu einem Kletterkurs angemeldet. Die Ausrüstung wird gestellt. Frau Keil bekommt ein 60 m langes Seil, das 4,56 kg wiegt. Benno bekommt ein leichteres Seil. Es wiegt $\frac{3}{4}$ weniger als das seiner Mutter. Um wie viel leichter ist Bennos Seil?

Klettern

Es gibt viele Möglichkeiten, klettern zu lernen. Man kann in einen Verein gehen (z. B. Alpenverein) oder einen Kurs in einer Kletterschule besuchen. Es gibt auch fast in jeder Stadt eine Kletterhalle, in der das Sportklettern erlernt und trainiert werden kann. An einigen Schulen findet man entweder auf dem Pausenhof oder in der Sporthalle Kletterwände. Oft wird auch im Sportunterricht geklettert.

Mit Gewichtsangaben rechnen

Bei Textaufgaben mit Gewichtsangaben muss man genau überlegen, mit welchen **Rechenschritten** man das gesuchte Gewicht berechnen kann. Es können die vier Grundrechenarten vorkommen: Addition, Subtraktion, Multiplikation und Division.
Denke auch daran, bei jeder Gewichtsangabe die Maßeinheit (g, kg oder t) dazuzuschreiben.

Beispiel:
Eine Familie mit drei Kindern fährt in den Skiurlaub. Wie viel wiegen die drei Snowboards und die zwei Paar Skier zusammen, wenn ein Snowboard 5,5 kg wiegt und ein Paar Skier mit Bindung 5,2 kg wiegt?

Rechnung: $3 \cdot 5{,}5\text{ kg} = 16{,}5\text{ kg}$
$2 \cdot 5{,}2\text{ kg} = 10{,}4\text{ kg}$

$$\begin{array}{r} 16{,}5\text{ kg} \\ +\ 10{,}4\text{ kg} \\ \hline \mathbf{26{,}9\text{ kg}} \end{array}$$

Antwort: Sie wiegen zusammen 26,9 kg.

Übung 15 – Bootsrennen

Ein Verein muss 16 Kajaks zu einem Bootsrennen transportieren. Der Verein besitzt einen Bootsanhänger, der aber nur mit 541 kg beladen werden darf. Aufgeladen werden: drei Einerkajaks mit je 12 kg, sechs Zweierkajaks mit je 18 kg und sieben Viererkajaks mit je 30 kg. Wie viele Kilogramm könnten noch zugeladen werden?

Kapitänsaufgabe

Hartes Training

Ein Amateurboxer boxt in der Schwergewichtsklasse, in der die Boxer maximal 91 kg wiegen dürfen. Der Boxer wiegt 83,75 kg. Er ist in seiner Gewichtsklasse nicht sehr erfolgreich. Deshalb möchte er die Gewichtsklasse wechseln. In der Mittelgewichtsklasse rechnet sich der Boxer mehr Chancen aus. Um wie viel müsste er sein Gewicht reduzieren?

Welche Angabe fehlt zum Lösen der Aufgabe?

Besorge dir die fehlende Angabe. Dann kannst du diese Aufgabe mit deiner eigenen Angabe lösen.

Übung 16 – Golfbälle

In einer Ballfabrik werden immer 12 Golfbälle zu je 45 g in einer Schachtel verpackt. Die Schachtel hat ein Leergewicht von 0,275 kg. Immer 18 Schachteln kommen in eine Kiste. Das Leergewicht der Kiste beträgt 0,875 kg. Wie viele Kilogramm wiegt eine gepackte Kiste?

Übung 17 – Kräftige Spieler

Die fünf schwersten Footballspieler einer amerikanischen Footballmannschaft wiegen 132 kg, 137,5 kg, 143 kg, 145 kg und 151 kg. Zusammen wiegen sie nur 37 kg weniger als alle 21 Kinder einer vierten Klasse der Goethe-Grundschule. Berechne das Durchschnittsgewicht eines Kindes.

Kapitänsaufgabe

Gewichtheber

Matthias Steiner ist ein deutscher Gewichtheber, der schon bei vielen Meisterschaften erfolgreich war. Im Jahr 2000 hob er bei der Juniorenweltmeisterschaft mit 18 Jahren im Reißen nur 52 kg 500 g weniger als im Jahr 2012 bei den Europameisterschaften. Wie viel hat er 2012 im Reißen gehoben?

Welche Angabe fehlt zum Lösen der Aufgabe?

Besorge dir die fehlende Angabe. Dann kannst du diese Aufgabe mit deiner eigenen Angabe lösen.

2.4 Textaufgaben mit Rauminhalten

Bruchteile von Rauminhalten

Es gibt Textaufgaben, in denen man mit **Bruchteilen** von Flüssigkeiten rechnen muss. Dafür unterteilt man zuerst die Füllmenge in gleich große Teile und nimmt dann so viele Teile davon, wie in der Aufgabe angegeben.

Beispiel:
Herr Braun füllt vor der Radtour seine Fahrradflasche mit $\frac{3}{4}$ l Wasser. Wie viele Milliliter sind das?

Rechnung: 1 l = 1 000 ml 1 000 ml : 4 = 250 ml
250 ml · 3 = **750 ml**

Antwort: Das sind 750 ml.

Übung 1 – Durstig

Nach dem Sportunterricht trinkt Nic immer mindestens $\frac{1}{4}$ l Wasser. Wie viele Milliliter Wasser sind das?

Achtung!

So werden die Maßeinheiten von Rauminhalten abgekürzt:
Liter = l Milliliter = ml

So kannst du Rauminhalte umrechnen: 1 l = 1 000 ml

Übung 2 – Wasserhaushalt

Zum Fußballtraining bringt jedes Mädchen sein Getränk in der eigenen Trinkflasche mit. Wie viele Milliliter Flüssigkeit trinkt jedes Mädchen während des Trainings, wenn es seine Flasche austrinkt?

	Flascheninhalt
Nesrin	1 l
Hannah	$\frac{1}{2}$ l
Nele	$\frac{1}{4}$ l
Amelie	$\frac{3}{4}$ l
Iljana	$\frac{1}{8}$ l
Samira	$\frac{3}{8}$ l
Daria	$1\frac{1}{2}$ l

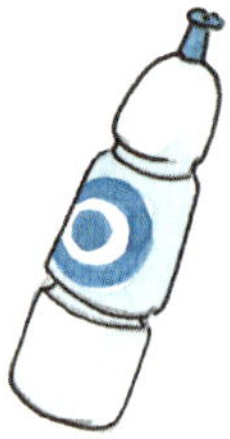

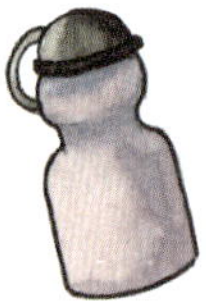

Achtung!

Auf Seite 15 findest du zehn Lösungsschritte, die dir beim Bearbeiten und Lösen von Textaufgaben helfen.

Kapitänsaufgabe

Wasservorrat

Für einen Kindertennisschnuppertag bestellt ein Tennisclub Getränke für die Pausen. Bestellt werden sechs Kisten Wasser und zwei Kisten Apfelsaft. An dem Schnuppertag nehmen 55 Kinder teil. Jedes Kind bekommt bei der Anmeldung einen Becher mit seinem Namen. In jeden Becher passen genau 200 ml Flüssigkeit. Wie viele Becher können maximal mit der Menge der bestellten Getränke gefüllt werden?

Welche Angabe fehlt zum Lösen der Aufgabe?

Denke dir eine passende Angabe aus. Dann kannst du diese Aufgabe mit deiner eigenen Angabe lösen.

Mit Rauminhalten rechnen

Bei Textaufgaben mit Rauminhalten muss man genau überlegen, mit welchen **Rechenschritten** man die gesuchte Füllmenge berechnen kann. Es können die vier Grundrechenarten vorkommen: Addition, Subtraktion, Multiplikation und Division.
Denke auch daran, bei jedem Rauminhalt die Maßeinheit (ml oder l) dazuzuschreiben.

Beispiel:
Nach einem Halbmarathontraining tranken die Läufer insgesamt zwei Kästen Wasser mit je 12 Literflaschen. Damit wurden 100 Becher gefüllt. Wie viele Milliliter Wasser waren im Durchschnitt in jedem Becher?

Rechnung: 2 · 12 = 24 Flaschen
24 · 1 l = 24 l = 24 000 ml
24 000 ml : 100 = **240 ml**

Antwort: In jedem Becher waren im Durchschnitt 240 ml Wasser.

Übung 3 – Wasserverbrauch

Ein Sportverein tauscht die Duschköpfe in den Duschen aus, um Wasser zu sparen. Mit den alten Duschköpfen wurden pro Duschgang im Durchschnitt 36 Liter Wasser verbraucht. Die neuen Duschköpfe senken den Verbrauch um $\frac{2}{3}$. Um wie viele Liter Wasser verringert sich der Wasserverbrauch beim Duschen von zwei Fußballmannschaften mit je drei Ersatzspielern?

Übung 4 – Wasserverlust

Nach einem Marathon brauchen die Läufer vor allem Wasser, um ihren Flüssigkeitsverlust wieder auszugleichen. Jeder Läufer muss genauso viel trinken, wie er während des Laufs an Gewicht verloren hat. Ein Liter Wasser wiegt unter normalen Bedingungen etwa ein Kilogramm.

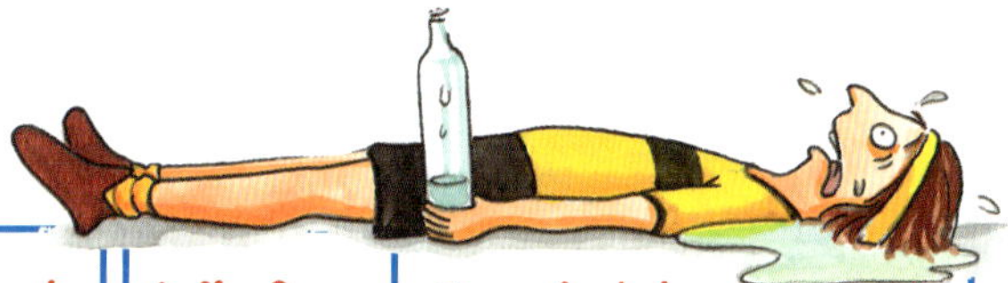

Läufer	Gewichtsverlust	Läufer	Gewichtsverlust
A	1,8 kg	D	1,6 kg
B	2,2 kg	E	2,3 kg
C	2,6 kg	F	1,9 kg

Reichen den sechs Sportlern insgesamt neun 1,5-Liter-Flaschen Wasser, um den Gewichtsverlust auszugleichen?

Marathon

Ein Marathonlauf ist für jeden Teilnehmer eine große Herausforderung, denn die Strecke ist 42,195 km lang. Den ersten Marathonlauf soll es in Griechenland gegeben haben. Seit 1896 ist der Marathonlauf für Männer und seit 1984 auch für Frauen eine olympische Disziplin. Heute gibt es überall auf der Welt Marathons. Besonders berühmt ist der Marathon in New York, bei dem ungefähr 20 000 Menschen mitlaufen. Daran nehmen viele Hobbyläufer teil, die einfach dabei sein wollen. Bei einem Marathonlauf verlieren die Läufer durch Schwitzen Gewicht.

Kapitänsaufgabe

Siegesfeier

Die Fußballmannschaft der Klasse 4a ist Schulsieger. Jetzt plant die Klasse eine Siegesfeier. Die Kinder haben schon alles eingekauft und zubereitet. Es fehlt nur noch der Kinderpunsch. Marie, Bob, Silke und Karl stehen in der Schulküche und lesen das Kinderpunschrezept.

Zu gleichen Teilen mischen:
Früchtetee, Apfelsaft, roter Traubensaft
Abschmecken mit:
Nelken und Zimt

Sie berechnen für jedes Kind $\frac{1}{4}$ Liter Punsch. Wie viel Früchtetee, Apfelsaft und roten Traubensaft brauchen sie dafür?

Welche Angabe fehlt zum Lösen der Aufgabe?

Denke dir eine passende Angabe aus. Dann kannst du diese Aufgabe mit deiner eigenen Angabe lösen.

2.5 Textaufgaben mit Zeitangaben

Zeitpunkte und Zeitspannen bestimmen

Der **Zeitpunkt** gibt an, wann etwas beginnt oder aufhört.
Die **Zeitspanne** gibt an, wie lange etwas dauert.

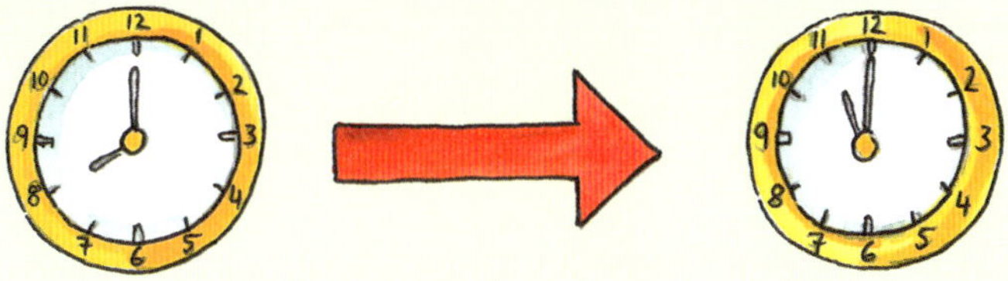

8.00 Uhr + 3 Stunden (h) **11.00 Uhr**

Zeitpunkt — Zeitspanne oder Zeitdauer — Zeitpunkt

Übung 1 – Longieren

Jana geht zweimal in der Woche zum Longieren. Das Training beginnt immer um 15.45 Uhr und dauert 50 Minuten. Wann endet es?

Achtung!

Die Zeit wird auch in **Jahren, Monaten, Wochen** und **Tagen** gemessen.

1 Jahr = 12 Monate
1 Monat dauert zwischen 28 und 31 Tage
1 Woche = 7 Tage
1 Tag = 24 Stunden (h)

Übung 2 – Schwimmabzeichen

Amelie trainiert mit ihrem Freund Mark für das deutsche Jugendschwimmabzeichen Silber. Tauchen und Springen können sie schon gut. Schwimmen müssen die beiden noch trainieren. Sie müssen 400 m in 25 Minuten schaffen. Amelie stoppt die Zeit für Mark. Er startet um 15.49 Uhr und hat um 16.11 Uhr die 400 m geschafft. Wie viel Zeit hat er gebraucht?

Achtung!

Auf Seite 15 findest du zehn Lösungsschritte, die dir beim Bearbeiten und Lösen von Textaufgaben helfen.

Übung 3 – Volleyballtraining

Jeden Dienstag fährt Maja nach der Schule um 15.55 Uhr mit dem Fahrrad zum Volleyballtraining. Das Training beginnt um 16.15 Uhr und endet um 17.45 Uhr. Dieses Mal duscht sie nach dem Training noch. Danach fährt sie nach Hause. Dort kommt sie um 18.25 Uhr an. Wie lange war Maja insgesamt unterwegs?

Volleyball

Volleyball ist eine Ballsportart, bei der der Ball mit den Händen über ein hohes Netz geschlagen wird. Die Höhe des Netzes ist abhängig davon, ob die Spieler Kinder oder Erwachsene und ob sie männlich oder weiblich sind. Sie liegt zwischen 2,15 m und 2,43 m. Es stehen sich zwei Mannschaften in einem 9 × 9 m großen Feld gegenüber. Die Mannschaft, die 25 Punkte erreicht hat und mindestens zwei Punkte Vorsprung hat, gewinnt. Pritschen und baggern sind beim Volleyball besondere Techniken, wie man den Ball schlägt.

Kapitänsaufgabe

Schwimmabzeichen Gold

Linus möchte dieses Jahr das deutsche Schwimmabzeichen Gold machen. Die Theorieprüfung hat er bereits bestanden, denn er kannte alle Baderegeln. Auch die meisten übrigen Anforderungen hat Linus gemeistert, wie Kraul-, Rücken- und Rückenkraulschwimmen. Auch Tauchen hat er schon hinter sich. Nun fehlen ihm noch das Transport- und das Zeitschwimmen. Linus legt heute die Prüfung für das Zeitschwimmen ab, dafür muss er 600 m schwimmen. Er springt um 17.47 Uhr ins Wasser und steigt um 18.08 Uhr wieder heraus. Hat er die Prüfung im Zeitschwimmen bestanden?

Welche Angabe fehlt zum Lösen der Aufgabe?

Besorge dir die fehlende Angabe. Dann kannst du diese Aufgabe mit deiner eigenen Angabe lösen.

Zeitpunkte und Zeitspannen berechnen

Der **Zeitpunkt** gibt an, wann etwas beginnt oder aufhört.
Die **Zeitspanne** gibt an, wie lange etwas dauert.

Beim Ausrechnen von einem Zeitpunkt oder einer Zeitspanne hilft ein Pfeilbild oder ein Rechenstrich.

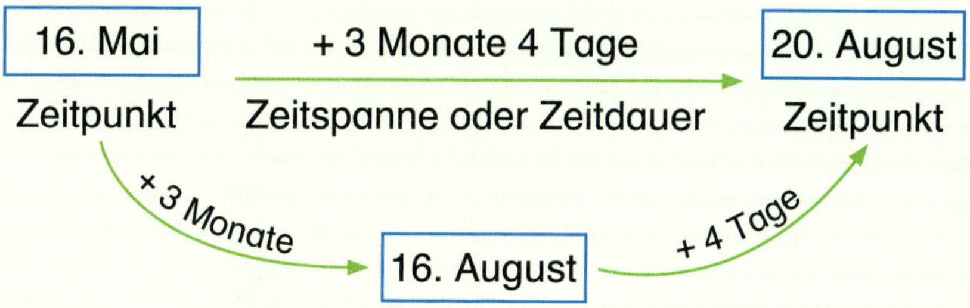

Achtung!

1 Jahr = 12 Monate = 365 Tage oder 366 Tage
1 Monat dauert zwischen 28 und 31 Tage.
1 Woche = 7 Tage
1 Tag = 24 Stunden (h)
1 Stunde = 60 Minuten (min)
1 Minute = 60 Sekunden (sec)

Übung 4 – Kletterkurs

Nele nimmt in den Ferien an einem Kinderkletterkurs teil. Der Kurs beginnt am 29. August und endet am 5. September. An wie vielen Tagen findet der Kurs statt?

Übung 5 – Tischtennis

Bei der 55. Jugendeuropameisterschaft im Tischtennis traten insgesamt 17 Spielerinnen und Spieler aus Deutschland an. Die Meisterschaft wurde am 13. Juli 2012 um 9.00 Uhr eröffnet und endete am 22. Juli 2012. An wie vielen Tagen fand die Europameisterschaft statt?

Übung 6 – Schnupperkurs

Carolin und Luca möchten zusammen Eishockey spielen. Ihre Eltern schenken ihnen einen Schnupperkurs, bei dem Mädchen und Jungen teilnehmen können. Der Kurs findet einmal in der Woche für $1\frac{1}{2}$ Stunden statt und dauert zehn Wochen. Er beginnt am 23. September. An welchem Datum ist der letzte Tag des Kurses?

Kapitänsaufgabe

Schulmeisterschaft

Lina tanzt in ihrer Schule in einer Aerobicgruppe. Die Gruppe will dieses Jahr unbedingt die Schulmeisterschaften im Aerobictanzen gewinnen. Die Meisterschaft findet gleich nach den Sommerferien statt, deshalb setzt die Trainerin noch ein Zusatztraining in den Sommerferien an:
Trainingszeiten: 24. August bis 29. August täglich von 15.00 Uhr bis 17.00 Uhr.
Wie viele Tage ihrer Sommerferien hat Lina noch zur freien Verfügung?

Welche Angabe fehlt zum Lösen der Aufgabe?

Denke dir eine passende Angabe aus. Dann kannst du diese Aufgabe mit deiner eigenen Angabe lösen.

Übung 7 – Radrennen

Im Jahr 2012 nahmen an der Tour de France 22 Radrennteams teil. Die Tour de France startete am 30. Juni und endete am 22. Juli. Wie viele Tage hat die Tour gedauert?

Tour de France

Die Tour de France ist eines der bekanntesten Fahrradrennen in Europa. Sie findet jedes Jahr statt und endet immer in Paris. Die Strecke führt durch Frankreich und angrenzende europäische Staaten, wie z. B. Belgien, die Schweiz und Spanien. Die Tourstrecke, die ungefähr 3 500 km lang ist, wird jedes Jahr neu festgelegt und führt durch ebenes Land und über Berge. Sie besteht meistens aus 20 Etappen. Während der Tour haben die Fahrer in der Regel zwei Ruhetage. Es starten circa 20 Teams mit maximal neun Fahrern.

Übung 8 – Sommerkurs

Jonas und Luca wollen segeln lernen. Ihre Eltern melden sie zu einem Sommerkurs an. Der Kurs findet zweimal in der Woche statt. Insgesamt sind es 16 Trainingseinheiten. In der ersten Woche wird am 15. Juni und am 17. Juni trainiert. Wann findet die letzte Trainingseinheit statt?

Übung 9 – Sommerspiele

Die olympischen Sommerspiele 2012 im Segeln fanden vom 29. Juli bis zum 12. August statt. Die Medaillenregatta im Windsurfen für Frauen fand am zehnten Tag der Spiele statt. Welches Datum hatte dieser Tag?

Kapitänsaufgabe

Ruhetage

Bei der Tour de France 2012 konnten nicht alle 22 Teams mit neun Fahrern starten, weil einige Fahrer gesperrt oder verletzt waren. Trotzdem gingen am 30. Juni alle Teams an den Start auf die erste Etappe der ungefähr 3 500 km langen Strecke. Insgesamt gab es auf der gesamten Tour zwei Ruhetage. Der letzte Ruhetag war genau sechs Tage vor der letzten Etappe und der erste eine Woche davor. Berechne das Datum für den ersten und den zweiten Ruhetag.

Welche Angabe fehlt zum Lösen der Aufgabe?

Besorge dir die fehlende Angabe. Dann kannst du diese Aufgabe mit deiner eigenen Angabe lösen.

3.1 Vermischte Textaufgaben

Mit verschiedenen Maßeinheiten rechnen

Es gibt Textaufgaben mit Angaben aus mehr als einem Größenbereich (Geld, Längen, Zeit). Deshalb muss man genau auf die **verschiedenen Maßeinheiten** achten und diese beim Rechnen immer mit aufschreiben.

Beispiel:
Der Schwimmverein Neptun nimmt an einem Sponsorenschwimmen teil. Für jeden geschwommenen Meter werden zwei Euro gespendet. Frank schwimmt zweimal 15 m. Wie viele Euro hat er erschwommen?

Rechnung: 2 · 15 m = 30 m 30 (m) · 2 € = **60 €**

Antwort: Er hat 60 € erschwommen.

Übung 1 – Schwimmtraining

Frank hat in der letzten Woche vor den Schulschwimmmeisterschaften noch dreimal Training. Er trainiert an diesen Tagen von 14.35 Uhr bis 15.05 Uhr im Schwimmbad. Der Trainer bekommt pro Stunde 30,00 €. Wie viel Geld erhält der Trainer insgesamt von Franks Eltern?

Achtung!

Du musst bei Aufgaben mit mehreren Maßeinheiten auf die entsprechenden Umwandlungszahlen achten.

Übung 2 – Knallrote Fußballschuhe

Elena möchte sich unbedingt knallrote Fußballschuhe kaufen. Sie kosten 49,90 €. Ihre Oma gibt ihr 20 € dazu. In Elenas Spardose sind 9,90 €. Den Rest strecken ihr die Eltern vor. Das Geld muss Elena monatlich mit 4 € vom Taschengeld zurückzahlen. Wie viele Monate braucht Elena, bis sie ihren Eltern das Geld zurückgezahlt hat?

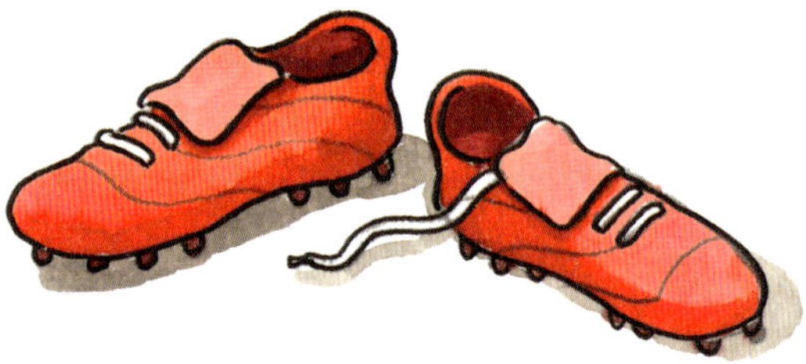

Übung 3 – Seilspringen

Für den Sportunterricht kauft eine Schule im Internet eine Rolle Springseil mit 90 m. Die Rolle kostet 79 € 55 ct plus Versand von 4 € 45 ct. Aus dieser Rolle werden 30 Springseile geschnitten. Wie lang ist ein Springseil und wie viel kostet es?

Achtung!

Auf Seite 15 findest du zehn Lösungsschritte, die dir beim Bearbeiten und Lösen von Textaufgaben helfen.

Verschiedene Maßeinheiten anwenden

Es gibt Textaufgaben mit Angaben aus mehr als einem Größenbereich (Geld, Längen, Gewicht, Rauminhalte, Zeit). Deshalb muss man genau auf die **verschiedenen Maßeinheiten** achten und diese beim Rechnen immer mit aufschreiben.

Beispiel:
Ein Formel-1-Rennauto fährt mit einer Durchschnittsgeschwindigkeit von 250 km/h. Wie viele Stunden und Minuten braucht es etwa für eine Rennstrecke von 850 km Länge?

Rechnung:

Entfernung	250 km	50 km	750 km	100 km
Zeit	1 h	12 min	3 h	24 min

Antwort: Es braucht 3 Stunden 24 Minuten.

Übung 4 – Radtraining

Fynn trainiert am Wochenende mit seinem Radsportverein. Die Trainingsstrecke ist 63 km lang. Wie lange braucht er für die Strecke, wenn er mit einem Schnitt von 18 km/h fährt?

Achtung!

Du musst bei Aufgaben mit mehreren Maßeinheiten auf die entsprechenden Umwandlungszahlen achten.

Übung 5 – Tennislinien

Der Tennisclub „Sandplatz" e. V. muss vor einem Jugendturnier noch zwei Aufschlaglinien mit Bändern erneuern. Jede Linie ist 8,23 m lang. Beim Zuschneiden werden an jedem Band 2 cm mehr abgeschnitten, als die Linie lang ist. Auf der Rolle sind 22 m. Der Club hat für die Rolle 47,50 € sowie 7,50 € Versandkosten bezahlt. Wie viel kosten die beiden Bänder?

Übung 6 – Sprunggrube

Ein Sportverein bestellt für die Sprunggrube 9,8 t neuen Sand. Eine Tonne Sand kostet 9,50 €. Der Club lässt den Sand anliefern. Die Anlieferung kostet 27,00 €. Wie hoch ist der Rechnungsbetrag?

Übung 7 – Formel-1-Rennen

Beim Formel-1-Rennen von Monaco ist der Stadtkurs 3,340 km lang. Es werden 80 Runden gefahren. Wie viel Benzin benötigt ein Formel-1-Auto bei diesem Rennen, wenn es im Durchschnitt 80 l pro 100 km verbraucht?

Übung 8 – Beregnungsanlage

Nach dem Tennistraining müssen einige Kinder den Platz abziehen und bei Trockenheit auch die Beregnungsanlage anstellen. Diese verbraucht in der Minute 45 l Wasser. Wie viel Wasser wird verbraucht, wenn die Anlage auf vier Minuten eingestellt ist und 12 Plätze fünfmal am Tag beregnet werden?

Übung 9 – Mountainbiking

Bei einem Mountainbike-Rennen für Kinder wird auf einem Rundkurs von 0,79 km Länge gefahren. Die Kinder unter 11 Jahren müssen fünf Runden fahren. Finja ist das erste Mal dabei. Sie hat viel trainiert. Um 17 Uhr fällt der Startschuss. Finja ist um 17.12 Uhr am Ziel. Berechne die Durchschnittsgeschwindigkeit pro Stunde, die Finja gefahren ist.

Radrennsport

Zum Radrennsport von Kindern gehören unterschiedliche Disziplinen. Es gibt Straßenrennen und Bahnrennen mit Rennrädern oder Mountainbikes. Zudem werden ganz besondere Mountainbike-Rennen und BMX-Rennen veranstaltet. Beim Mountainbiking müssen die Kinder meistens über ein Gelände fahren, das viel Geschicklichkeit verlangt, weil es nicht nur Steigungen und Gefälle hat, sondern weil die Wege auch uneben sind. Bei BMX-Rennen müssen die Kinder mit ihren Fahrrädern sogar über Hindernisse springen. Deshalb bieten viele Radsportvereine spezielle Kurse und Trainings dafür an.

1 Textaufgaben ohne Größen

1.1 Anzahlen bestimmen

Ü1 S. 16
13 + 15 = 28
Es sind insgesamt 28 Kinder.

Ü2 S. 16
16 + 17 + 23 + 14 + 19 = 89
In einer Woche nehmen 89 Kinder am Fußballtraining teil.

Ü3 S. 17
17 + 4 + 11 + 7 + 23 + 9 + 12 + 5 = 88
Es sind insgesamt 88 Kinder.

Ü4 S. 18
85 – 27 = 58
Kirsten muss noch 58 Bälle einsammeln.

Ü5 S. 18
83 – 37 = 46
Dienstags und freitags trainieren 46 Kinder.

Ü6 S. 19
67 + 125 + 158 = 350
Es mussten 350 Urkunden ausgestellt werden.

Ü7 S. 20
98 + 66 + 54 + 46 + 28 = 292
Es sind 292 Personen mitgefahren.

Ü8 S. 20
123 + 107 + 101 + 101 + 94 + 78 + 67 = 671
Zusammen haben sie 671 Punkte erreicht.

Ü9 S. 21
14 911 + 10 056 + 3 802 = 28 769
Das sind insgesamt 28 769 Sitzplätze.

Ü10 S. 22
731 – 539 = 192
192 Kinder spielen in Mannschaften.

Ü11 S. 22
261 + 286 + 176 + 134 = 857 950 – 857 = 93
Gunnar hat die Siegerurkunde um 93 Punkte verpasst.

Ü12 S. 23
80 270 – 69 901 = 10 369
Das Bayern-Stadion fasst 10 369 Zuschauer weniger.

Ü13 S. 24
13 600 – 9 934 = 3 666
Es gibt 3 666 Karten für Stehplätze.

Ü14 S. 25
6 · 4 = 24
An dem Schwimmwettbewerb nehmen 24 Kinder teil.

Ü15 S. 25
8 · 6 = 48
Das sind 48 Spielerinnen.

Ü16 S. 26
36 : 9 = 4
In einem Boot sitzen vier Kinder.

Ü17 S. 26
28 : 7 = 4
An jeder Station stehen vier Kinder.

Ü18 S. 27
63 : 9 = 7
Jeder muss sieben Runden schaffen.

Ü19 S. 28
4 · 18 = 72
Es nehmen 72 Mannschaften am Turnier teil.

Ü20 S. 28
6 · 27 = 162
Das sind insgesamt 162 Bälle.

Ü21 S. 29
219 : 8 = 27 R 3
Es muss 28-mal gestartet werden.

Ü22 S. 30
137 · 13 = 1 781
Das sind insgesamt 1 781 Schülerinnen und Schüler.

Ü23 S. 31
166 · 5 = 830
Das waren 830 Schachspieler.

Ü24 S. 31
27 · 18 = 486
Da sind insgesamt 486 Personen.

Ü25 S. 32
7 368 : 2 = 3 684
Es waren 3 684 Sitzplatzkarten.

Ü26 S. 33
107 283 : 3 = 35 761
Es sind dann 35 761 Sitzplätze belegt.

Ü27 S. 34
3 · 6 = 18   18 + 2 + 4 = 24
Die 2. Klassen haben jetzt insgesamt 24 Bälle.

Ü28 S. 35
533 – 12 = 521

Würstchen:	63 · 8 = 504	521 – 504 = 17
Brötchen:	17 · 30 = 510	521 – 510 = 11
Wasser:	84 · 6 = 504	521 – 504 = 17

Es müssen 17 Würstchen, 11 Brötchen und 17 Flaschen Wasser nachbestellt werden.

Ü29 S. 35
3 · 58 = 174   4 · 3 = 12   12 · 16 = 192
174 + 192 + 37 = 403
Insgesamt sind 403 Personen der Friedrich-Schule im Stadion.

K S. 36
Es fehlt die Angabe, wie viele Viertklässler sich für Fußball und Tennis entschieden haben.

Ü30 S. 37
4 174 · 2 = 8 348   4 174 + 8 348 + 14 367 = 26 889
30 000 – 26 889 = 3 111
Am Renntag konnten noch 3 111 Zuschauer Karten kaufen.

Ü31 S. 38
784 · 2 = 1 568   1 568 : 12 = 130 R 8
784 : 12 = 65 R 4
Der Veranstalter muss 131 Kisten Wasser und 66 Kisten Apfelsaft bestellen.

K S. 39
Es fehlt die Angabe, wie viele Zuschauer bei Eishockeyspielen in die Arena passen.

2 Textaufgaben mit Größen

2.1 Textaufgaben mit Geldbeträgen

Ü1 S. 40
47 € + 4 € = 51 € 62 € – 51 € = 11 €
Mirkos Vater kann 11 € sparen.

Ü2 S. 41
39 € + 6 € + 29 € = 74 € 100 € – 74 € = 26 €
Er bekommt 26 € zurück.

Ü3 S. 42
139,90 € + 30 € + 15,50 € = 185,40 €
Das Feriencamp kostet für Atakan 185,40 €.

Ü4 S. 43
2 210 € + 224,50 € + 65,70 € = 2 500,20 €
2 500,20 € – 46,98 € = 2 453,22 €
Die Klasse hat insgesamt 2 453,22 € für ihre Skifreizeit.

Ü5 S. 43
4 500 € + 2 222,20 € + 1 020 € + 1 500 € + 342,50 € + 775,20 € + 187,75 € + 420,50 € = 10 968,15 €
35 000 € – 10 968,15 € = 24 031,85 €
Es fehlen noch 24 031,85 €.

Ü6 S. 44
24 Tennisbälle sind in 6 Dosen 6 · 8 € = 48 €
24 Tennisbälle kosten 48 €.

Ü7 S. 44
12 (Monate) · 9 € = 108 €
Der Mitgliedsbeitrag für 12 Monate beträgt 108 €.

Ü8 S. 45
12 (Monate) · 27,50 € = 330 €
Das Hip-Hop-Training kostet in einem Jahr 330 €.

Ü9 S. 46
1,98 € : 3 = 0,66 € 3,78 € : 6 = 0,63 €
5,85 € : 9 = 0,65 €
Das günstigste Angebot sind sechs Stück für 3,78 €.

Ü10 S. 47
366 · 79 ct = 289,14 €
Der Förderverein muss 289,14 € bezahlen.

Ü 11 S. 48
576,76 : 4 = 144,19 €
Jede bezahlt 144,19 €.

Ü 12 S. 49
1,39 € · 2 = 2,78 €   2,78 € – 2,55 € = 0,23 €
Alex spart 23 Cent, wenn er den Sechserpack kauft.

K S. 50
Es fehlt die Preisangabe für die Sechserkarte.

Ü 13 S. 51
229 € · 2 = 458 €   114 € · 2 = 228 €
458 € + 228 € = 686 €
279 € · 2 = 558 €   139 € · 2 = 278 €
558 € + 278 € = 836 €
836 € – 686 € = 150 €
Der Preisunterschied beträgt 150 €.

Ü 14 S. 51
15 € : 2 = 7,50 €   7,50 € · 3 = 22,50 €
15,00 € + 22,50 € = 37,50 €
Leylas Vater muss 37,50 € bezahlen.

Ü 15 S. 52
45,00 € + 105,00 € + 127,50 € = 277,50 €
277,50 € · 2 = 555,00 €
Die Eltern müssen für beide Kinder 555,00 € bezahlen.

K S. 53
Es fehlt die Angabe, wie viel eine Einzelreitstunde kostet.

Ü 16 S. 54
25 (Schüler) · 2 (Runden) = 50 (Runden)
6,50 € für 5 Runden   10 · 6,50 € = 65 € (für 50 Runden)
65,00 € : 25 = 2,60 €
Jedes Kind muss 2,60 € bezahlen.

Ü 17 S. 55
11,50 € · 3 = 34,50 €   34,50 € · 6 (Heimspiele) = 207 €
100 € – 40,60 € = 59,40 € (Schals)
397,85 € + 207,00 € + 59,40 € = 664,25 €
Frau Adler muss 664,25 € in der Saison bezahlen.

Ü18
S. 56

65,00 € · 2 = 130,00 €   45,00 € · 2 = 90, 00 €

130,00 € + 90,00 € + 35,00 € = 255,00 € (pro Tag)

255,00 € · 2 = 510,00 €

510,00 € + 218,50 € + 150,00 € = 878,50 €

Das Geld reicht, weil die zwei Tage nur 878,50 € kosten.

K
S. 57

Es fehlen die Angaben, wie viel die Getränke für die Kinder und wie viel die Saftgetränke für die Erwachsenen kosten.

2.2 Textaufgaben mit Längenangaben

Ü1
S. 58

Ayse: 44 m – 12 m = 32 m

Kim: 32 m + 8 m = 40 m

Leon: 40 m – 17 m = 23 m

Moritz hat 44 m, Leon hat 23 m, Ayse hat 32 m und Kim hat 40 m weit geworfen.

Ü2
S. 60

Alenas Skier: 1,58 m – 16 cm = 1,58 m – 0,16 m = 1,42 m

Cedric: 2,62 m – 1,58 m = 1,04 m

Alena: 2,62 m – 1,42 m = 1,20 m

Die Skier des Skispringers sind 1,04 m länger als Cedrics Skier und 1,20 m länger als Alenas.

Ü3
S. 61

29,554 km – 12,5 km = 17,054 km

17,054 km – 7,2 km = 9,854 km

Sie ist 9,854 km mit dem Bus gefahren.

Ü4
S. 62

6,8 km + 3,85 km = 10,65 km

10,65 km – 1,2 km = 9,45 km

10,65 km + 9,45 km = 20,1 km

Sie sind 20,1 km mit dem Rad gefahren.

Ü5 S. 63
7 km · 3 = 21 km 9 km · 2 = 18 km
Ayse läuft 21 km, Luis und Atakan laufen jeder 18 km in der Woche.

Ü6 S. 64
2,44 m · 3 = 7,32 m
Ein Fußballtor für Erwachsene ist 7,32 m breit.

Ü7 S. 65
42 cm · 4 = 168 cm 168 cm = 1,68 m
Die Wand muss mindestens 1,68 m lang sein.

Ü8 S. 66
3,60 m : 8 = 0,45 m
Jeder Schüler hat 45 cm Platz.

Ü9 S. 67
4 574 m · 67 = 306 458 m = 306,458 km
Die Renndistanz beträgt 306,458 km.

Ü10 S. 68
784 km : 32 = 24,5 km
Er ist im Durchschnitt auf einer Etappe 24,5 km gelaufen.

Ü11 S. 69
307,294 km : 53 = 5,798 km
Eine Runde ist 5,798 km lang.

Ü12 S. 70
168 km : 2 = 84 km 84 km · 3 = 252 km
Die Familie hat sich eine Strecke von 252 km vorgenommen.

K S. 71
Es fehlt die Angabe, wie viele Kilometer die Langlaufstrecke lang ist.

Ü13 S. 72
erste Woche: 2 km · 3 = 6 km
zweite Woche: 2 km · 1 = 2 km 4 km · 2 = 8 km
6 km + 2 km + 8 km = 16 km
Saskia legt insgesamt 16 km zurück.

K S. 73
Es fehlt die Angabe, wie breit der Absprungbalken ist.

Ü14
S. 74

5 cm · 3 = 15 cm 1,56 m + 15 cm = 1,71 m
1,71 m + 5 cm = 1,76 m
Christoph hat 1,71 m noch geschafft. Bei 1,76 m ist die Latte nicht mehr liegen geblieben.

K
S. 75

Es fehlt die Angabe, wie lang die Wand ist.

Ü15
S. 76

alle Läufer: 7,5 km · 4 = 30 km
zweiter Läufer: 150 m · 2 = 300 m
vierter Läufer: 150 m
30 km + 300 m + 150 m = 30 km 450 m = 30,450 km
Die Staffel legt insgesamt 30,450 km zurück.

Ü16
S. 77

Max: 1,5 km · 3 = 4,5 km 700 m · 5 = 3 500 m = 3,5 km
1,1 km (blaue Piste)
4,5 km + 3,5 km + 1,1 km = 9,1 km
Zoe: 700 m · 4 = 2 800 m = 2,8 km 1,1 km · 3 = 3,3 km
850 m · 3 = 2 550 m = 2,55 km
2,8 km + 3,3 km + 2,55 km = 8,65 km
9,1 km – 8,65 km = 0,45 km = 450 m
Max ist die meisten Kilometer gefahren. Der Unterschied beträgt 450 m.

K
S. 78

Es fehlt die Angabe, wie lang die Bahnlänge für Damen ist.

2.3 Textaufgaben mit Gewichten

Ü1
S. 79

7 kg 260 g – 3 kg = 4 kg 260 g
Der Trainingshammer ist 4 kg 260 g leichter.

Ü2
S. 80

10 kg 870 g – 9 kg 700 g = 1 kg 170 g
Gretas Fahrrad ist 1 kg 170 g leichter als das ihres Bruders.

Ü3 S. 80
425 g + 575 g = 1 000 g = 1 kg
1 kg 500 g + 275 g = 1 kg 775 g
1 kg + 1 kg 775 g = 2 kg 775 g
2 kg 850 g – 2 kg 775 g = 75 g
Joshua ist ein Kavalier, denn der Medizinball ist um 75 g schwerer als die beiden Netze.

Ü4 S. 81
78 kg + 84,5 kg + 104 kg + 111,5 kg + 114 kg = 492 kg
Insgesamt hat sie 492 kg gestoßen.

Ü5 S. 82
17 kg 200 g · 4 = 68 kg 800 g
Alle Matten zusammen wiegen 68 kg 800 g.

Ü6 S. 82
500 kg – 4 kg = 496 kg 496 kg : 8 = 62 kg
Er hat im Durchschnitt in jeder Schubkarre 62 kg Sand transportiert.

Ü7 S. 83
12 · 25 kg = 300 kg 4 · 1 t = 4 t = 4 000 kg
300 kg + 4 000 kg = 4 300 kg = 4,3 t
Es werden 4,3 t Sand bestellt.

Ü8 S. 84
0,55 kg · 16 = 8,8 kg 10,0 kg – 8,8 kg = 1,2 kg
Die Anzüge wiegen 1,2 kg weniger als 10 kg.

Ü9 S. 85
3 200 g : 40 = 80 g
Er schüttet 80 g Pulver in eine Flasche.

Ü10 S. 86
30 t : 12 = 2,5 t
Jeder Lkw hat 2,5 t Erde transportiert.

Ü11 S. 86
0,5 t = 500 kg 500 kg : 16 = 31,25 kg
In jedem Zelt können 31,25 kg Nudeln gekocht werden.

Ü12 S. 87
3,68 kg : 8 = 0,46 kg
Der leichteste Fisch wiegt 460 g.

Ü13 S. 88
0,312 kg : 4 = 0,078 kg 0,078 kg · 3 = 0,234 kg
Sarahs Tischtennisschläger in der Schule wiegt 234 g.

Ü14
S. 88
4,56 kg : 4 = 1,14 kg   1,14 kg · 3 = 3,42 kg
4,56 kg – 3,42 kg = 1,14 kg
Bennos Seil ist 1,14 kg leichter.

Ü15
S. 89
3 · 12 kg = 36 kg   6 · 18 kg = 108 kg   7 · 30 kg = 210 kg
36 kg + 108 kg + 210 kg = 354 kg
541 kg – 354 kg = 187 kg
Es könnten noch 187 kg zugeladen werden.

K
S. 90
Es fehlt die Angabe, wie viel ein Boxer in der Mittelgewichtsklasse wiegen darf.

Ü16
S. 91
45 g · 12 = 540 g   0,540 kg + 0,275 kg = 0,815 kg
0,815 kg · 18 = 14,670 kg
14,670 kg + 0,875 kg = 15,545 kg
Eine gepackte Kiste wiegt 15,545 kg.

Ü17
S. 91
132 kg + 137,5 kg + 143 kg + 145 kg + 151 kg = 708,5 kg
708,5 kg + 37 kg = 745,5 kg   745,5 kg : 21 = 35,5 kg
Das Durchschnittsgewicht eines Kindes beträgt 35,5 kg.

K
S. 92
Es fehlt die Angabe, wie viel er im Jahr 2000 gehoben hat.

2.4 Textaufgaben mit Rauminhalten

Ü1
S. 93
1 000 ml : 4 = 250 ml
Das sind 250 ml Wasser.

Ü2
S. 94
Nesrin: 1 l = 1 000 ml
Hannah: 1 000 ml : 2 = 500 ml
Nele: 1 000 ml : 4 = 250 ml
Amelie: 1 000 ml : 4 = 250 ml   250 ml · 3 = 750 ml
Iljana: 1 000 ml : 8 = 125 ml
Samira: 125 ml · 3 = 375 ml
Daria: 1 000 ml + 500 ml = 1 500 ml

K S. 95 Es fehlt die Angabe, wie viele Liter Apfelsaft und Wasser in einer Kiste sind.

Ü3 S. 96 11 + 3 = 14 14 · 2 = 28 36 l · 28 = 1 008 l
1 008 l : 3 = 336 l 336 l · 2 = 672 l
Der Wasserverbrauch verringert sich um 672 l.

Ü4 S. 97 1,8 kg + 2,2 kg + 2,6 kg + 1,6 kg + 2,3 kg + 1,9 kg = 12,4 kg
1,5 l · 9 = 13,5 l
Die neun Flaschen reichen den sechs Sportlern.

K S. 98 Es fehlt die Angabe, wie viele Kinder an der Siegesfeier teilnehmen.

2.5 Textaufgaben mit Zeitangaben

Ü1 S. 99 15.45 Uhr $\xrightarrow{+\ 50\ \text{min}}$ 16.35 Uhr
Das Training endet um 16.35 Uhr.

Ü2 S. 100 15.49 Uhr $\xrightarrow{+\ 22\ \text{min}}$ 16.11 Uhr
Er hat 22 Minuten gebraucht.

Ü3 S. 101 15.55 Uhr $\xrightarrow{+\ 2\ \text{h}\ 30\ \text{min}}$ 18.25 Uhr
Maja war insgesamt 2 Stunden und 30 Minuten unterwegs.

K S. 102 Es fehlt die Angabe, wie lange er für die 600 m brauchen darf.

Ü4 S. 104 29. August $\xrightarrow{+\ 8\ \text{Tage}}$ 5. September
Der Kurs findet an acht Tagen statt.

Ü5 S. 104 13. Juli 2012 $\xrightarrow{+\ 10\ \text{Tage}}$ 22. Juli 2012
Die Europameisterschaft fand an zehn Tagen statt.

Ü6 S. 104 23. September $\xrightarrow{+\ 10\ \text{Wochen}}$ 25. November
Der letzte Kurstag ist der 25. November.

K S. 105 Es fehlt die Angabe, wie viele Tage die Sommerferien dauern.

Ü7 S. 106

30. Juni $\xrightarrow{+\,23\text{ Tage}}$ 22. Juli

Die Tour hat 23 Tage gedauert.

Ü8 S. 107

zwei Trainingseinheiten pro Woche, also acht Wochen

17. Juni $\xrightarrow{+\,7\text{ Wochen}}$ 5. August

Die letzte Trainingseinheit findet am 5. August statt.

Ü9 S. 107

29. Juli $\xrightarrow{+\,10\text{ Tage}}$ 7. August

Das Datum der Regatta war der 7. August 2012.

K S. 108

Es fehlt die Angabe, wann die letzte Etappe war.

3 Textaufgaben mit und ohne Größen

3.1 Vermischte Textaufgaben

Ü1 S. 109

14.35 Uhr $\xrightarrow{+\,30\text{ min}}$ 15.05 Uhr

30 min · 3 = 90 min = 1 h 30 min

1 h: 30 €   30 min: 15 €   30 € + 15 € = 45 €

Der Trainer erhält 45 €.

Ü2 S. 110

20,00 € + 9,90 € = 29,90 €

49,90 € – 29,90 € = 20,00 €   20,00 (€) : 4 (€) = 5

Elena braucht fünf Monate.

Ü3 S. 110

90 m : 30 = 3 m

79,55 € + 4,45 € = 84,00 €   84,00 € : 30 = 2,80 €

Ein Springseil ist 3 m lang und kostet 2,80 €.

Ü4 S. 111

Zeit	1 h	2 h	3 h	30 min	3 h 30 min
Weg	18 km	36 km	54 km	9 km	63 km

Er braucht 3 h 30 min.

Ü 5 S. 112
8 m 23 cm + 2 cm = 8 m 25 cm   8,25 m · 2 = 16,5 m
47,50 € + 7,50 € = 55,00 €   55,00 € : 22 = 2,50 €
2,50 € · 16,5 = 41,25 €
Die beiden Bänder kosten 41,25 €.

Ü 6 S. 112
9,50 € · 9,8 = 93,10 €   93,10 € + 27 € = 120,10 €
Der Rechnungsbetrag ist 120,10 €.

Ü 7 S. 113
3,340 km · 80 = 267,2 km

km	100 km	10 km	1 km	100 m
l	80 l	8 l	0,8 l	0,08 l

km	200 km	60 km	7 km	200 m
l	160 l	48 l	5,6 l	0,16 l

267,2 km: 160 l + 48 l + 5,6 l + 0,16 l = 213,76 l
Das Formel-1-Auto benötigt 213,76 l Benzin.

Ü 8 S. 113
45 l · 4 = 180 l   180 l · 12 = 2 160 l
2 160 l · 5 = 10 800 l
Es werden 10 800 l Wasser verbraucht.

Ü 9 S. 114
0,79 km · 5 = 3,95 km
17.00 Uhr —+ 12 min→ 17.12 Uhr

Zeit	12 min	60 min
Weg	3,95 km	19,75 km

Die Durchschnittsgeschwindigkeit betrug 19,75 km/h.